NF文庫
ノンフィクション

究極の擬装部隊

米軍はゴムの戦車で戦った

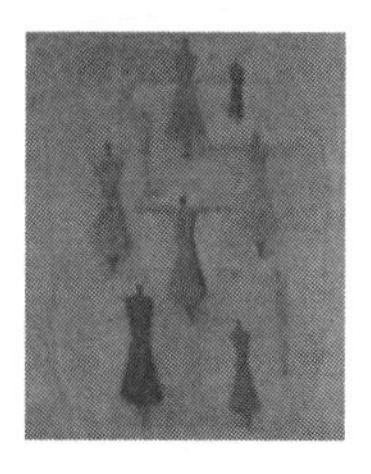

潮書房光人新社

究極の擬装部隊——目次

究極の擬装部隊

米軍はゴムの戦車で戦った

第１話　独仏戦の見えない背景

●戦争への人的資源とＧＮＰと戦略計画――

一八七〇年～七一年にドイツ統一をめざすプロイセン王国と、それを阻止するナポレオン三世のフランス帝国が普仏戦争を戦った。その結果、フランスは敗北して多くの領域を失い、勝利したプロイセンはドイツ統一の目的を達成した。このときのフランスの人口は三八〇〇万人で軍隊は五〇万人を擁し、対するドイツは人口三二〇〇万人で軍隊は五五万人でほぼ拮抗していた。

時は流れて、一九一四年から一九一八年の第一次世界大戦では三国同盟（ドイツ諸邦軍）と協商国（連合軍）が戦った。三国同盟軍はプロイセン帝国、オーストリア＝ハンガリー帝国、オスマン帝国、ブルガリア王国であり、対する協商軍は英、米、仏、露、伊、セルビア、ベルギー、モンテネグロ、日本、ルーマニア、ギリシャ、タイ、中華民国、両陣営合わせて六八三〇万の軍隊が動いたといわれる。

連合軍の兵員動員数は四三〇〇万人に達しており、ドイツ諸邦軍は人口六八〇〇万人から二五三〇万人を動員するもプロイセン帝国単体では一三二〇万人であった。またフランスは人口約四〇〇〇万人から八六五万人が動員されたが、連合軍の勝利によりフランスは失われた領域を回復することができた。そして第一次大戦から二一年後の一九三九年秋にヒトラー・ドイツのポーランド侵攻により第二次大戦が勃発し、翌一九四〇年五月に独仏戦が起こった。

いうまでもないが、戦争では兵力が勝敗の重要な要素のひとつであり、国家の若年層の人的資源の浅深が決定的なポイントとなる。フランスは一九世紀初期から出生率の下落により若年層が薄いという懸念があり、一方ドイツは多産傾向にあり師団兵士の充足率が高かった。一九三七年にフランスは兵役年齢者を四三〇万人有していたが、ドイツは倍の八三〇万人であった。加えて一九三八年にドイツはオーストリアとチェコ・スロバキアのドイツ語圏を併合して人口九〇〇万人が加わった。こうした結果、一九四〇年までにヒトラー帝国は一〇〇〇万人の兵力を動員することができたのである。

フランスは若年人口と動員率に問題があったが、一九三二年のGNP（国民総生産）の五・二パーセントが防衛費でドイツを上回り、第一次大戦後のドイツのワイマール共和国は、課せられたヴェルサイユ条約のさまざまな制限によりGNPの一・

九パーセントが防衛費であった。それから二年半後の一九三五年にドイツはヒトラーとナチ党政権によりヴェルサイユ条約を破棄して、ひたすら再軍備に邁進するのである。

ドイツの論より証拠の欧州諸国の武力制覇に対してフランスと英国が介入に迷っているうちにドイツは大規模な軍備増強を行ない、一九三八年までの数年間でGNPの一七・二パーセントという巨額を軍事費に投入した。他方、フランスも軍事予算は増加したが八・六パーセントでしかなかった。しだいにドイツの脅威があきらかとなりフランスは大戦勃発時の一九三九年の軍事費はGNP比の二三パーセントへ増加したが、さらにドイツの軍備増強はとどまるところを知らず三〇パーセントにまでなった。これは一九三〇年代後半にドイツ経済が回復しフランスを凌駕していたからである。軍備の配分においてフランスはドイツの侵攻を阻止すべくマジノ線防衛要塞の充実と海軍力増強に投じ、ドイツは直接的な攻撃的軍備に資金を使った。

一九四〇年のフランスの人口は四二〇〇万人（植民地を含む総人口は一・二億人）で、ドイツは七〇七〇万人（併合地を含めば八九〇〇万人）であった。フランスは陸軍大国といわれたものの動員可能数は五〇〇万人で一〇五個師団、ドイツは一〇〇〇万人で一八九個師団となり、じつにフランスの二倍に達し、対ドイツ戦は楽観視できなかった。

フランスは、もし長期戦となれば第一次大戦と同様にドイツは資源が重要なネックとなり、とくに戦略物資のタングステンやコバルトを使い果たすことになり、海外から何らかの方策で獲得しなければならないと想定し、これも同様に対独海上封鎖が極めて効果的と考えていた。しかし、第一次大戦時に成功した連合軍の海上封鎖はあまりにも遅すぎた結果といわねばならず、しかも、当時のプロイセン・ドイツの敗北は経済上の戦略物資の欠如が主な原因ではなく、内部で派生した赤色革命運動の結果であった。

いずれにしても、フランスはこうした裏背景によりドイツとの戦争で再び破れるのではないかと危惧していたが、結果はそのとおりとなった。一九四〇年五月のドイツの攻撃はフランスの多額の軍事費が投入された強固なマジノ防衛要塞を綿密な侵攻計画により迂回されてしまい、戦車を先頭にした近代的な装甲電撃作戦により短時日で瓦解した。

巨費をかけたマジノ要塞へ入る英派遣軍の兵士たち

フランスのソンムを進む新戦術・装甲電撃戦中のドイツ軍の２号戦車

第2話 タンクの出現によって

●戦車が押し開いた新しい戦い方――

戦車（タンク）は第一次大戦の戦場から生まれた恐怖兵器である。一九一四年に戦争が開始されたとき、欧州各国の指導者たちはこの戦争は数ヵ月で終焉するであろうと見なしていた。だが、大規模な地上軍の展開、大砲撃戦と形容されたほどの重量級火砲の登場、大量殺戮兵器の機関銃、そして毒ガスなどさまざまな近代兵器により戦場は凄惨を極めた。やがて両軍が塹壕にこもって対峙する塹壕戦へと移行した戦線を維持するために各国の軍需生産が拡大され、兵器、弾薬、支援物資を延々と補給する長期戦となった。

戦術レベルの指揮官たちの作戦遂行の努力はみられたが、一九一四年末から一九一八年初頭まで両軍の膠着状態は続き、膨大な兵力と多くの戦争資材が注ぎ込まれた。連合軍では損耗人員リストが増加する以外に何も獲得できない塹壕戦を続ける戦争指導者たちの頑迷さは、兵士たちからロバと称されていたほどだった。

塹壕戦中には兵士レベルで用いた鋼鉄の身体防護鎧や塹壕から上方へ突き出して外部を観察しながら射撃する反射ミラー付き照準小銃や機関銃から、国家レベルで使用された毒ガスまでさまざまな手段が両軍で試みられたが、戦場環境が一層悪くなっただけだった。そうした戦場でのアイデアの一つだった鋼鉄の怪物だけが大きな効果を発揮した。それは英国の海軍大臣だったウィンストン・チャーチル卿が大戦初期に開発を推進した戦車（タンク）である。

戦車は大戦前にオーストリア陸軍の鉄道輸送将校だったグンター・ブルスティン中佐が機動砲（モーターゲシュッツ）と呼ぶ、履帯で地上を走行する車両上に回転砲塔を有する斬新な試作車を製造した。しかし、残念にも未来の見えない帝政ドイツ軍とオーストリア＝ハンガリー軍に無視されてしまった。戦車の基本的な構造はいたってシンプルで、すでに農業分野で使用されていた履帯（キャタピラー／メーカー名でもある）付きトラクターに装甲と武装を施すものだった。また、同じオーストリア陸軍の技術将校だったランス・ド・モールが装甲戦闘車両を英陸軍へ売り込んだが成功せず、しかも実物がなかったためにその後も戦車の先駆者として正式に認められることはなかった。

一九一四年十月に戦場全般の報告書作成を命じられた英陸軍工兵軍団所属のアーネ

スト・スウィントン中佐が両軍対峙の塹壕戦の打開方法を研究した。中佐は有刺鉄線、砲兵、強靭な土塁や陣地を突破するための兵器として、空想科学小説家のH・G・ウェルズの著作に登場する鋼鉄兵器からヒントを得て農業トラクターをベースにしたキャタピラー装甲車を陸軍省に提案したところ、発明好きのチャーチル卿の眼に止まったのである。翌一九一五年にランドシップ（初期には陸上船(ランドシップ)と呼ばれた）委員会の手で開発が進められたが、極秘計画のために水補給車、つまりタンクと称されるようになり、その名称は今日にいたるも同様である。

戦車は泥土、砲弾孔のある荒地はもちろんのこと、塹壕、有刺鉄線を踏みつぶして進むことが可能で、戦いを有利に展開させるであろうと期待された。厚い鋼鉄の車体は敵の防御機関銃弾をものともせずに進み、多数の搭載機関銃で塹壕にこもる敵兵を駆逐して戦場の膠着状態を変化させ得る画期的な兵器だとみなされた。

一九一五年九月に最初の戦車リトル・ウィリー（最初の試作車）という実験的戦車が生まれ、続いてビッグ・ウィリー（マザー戦車）が完成した。これは一〇〇両が発注されてマークI戦車となり、五七ミリ砲搭載車はメール（雄）型で、機関銃搭載車はフューメール（雌）型と称された。

一九一六年九月十六日、フランスのソンムの戦場で猛烈な事前砲撃の後に三二両

（四九両が送られた）の鋼鉄のマークⅠ戦車が戦場に登場して、ドイツ兵士を驚愕させた。そして一九一七年十一月二十日、カンブレーの戦いでは英軍は四七四両の戦車を集中して前線深く一〇キロもの穴を開けることに成功するのである。初期の英戦車は機械の信頼性がとぼしく、歩兵との共同作戦の不徹底、あるいはドイツ軍の巧妙な対戦車対策のために数週間で多数の戦車を失った。戦闘の詳細はともかくとして保守的で頑迷な将軍たちでさえ、この戦車の出現によって多大な感銘と影響を受けたのだった。

恐怖の兵器だった戦車は一九一八年の夏までドイツ軍の攻勢を停止させ、歩兵と連動する戦車は戦争で勝利を得る手段としてしだいに理解されるようになった。この頃、米軍が戦場に加わるが、ドイツは共産主義勢力の浸透により政情が不安定となり、カイザー（皇帝）のドイツ帝国は同年十一月十一日に事実上の敗戦となる休戦を受け入れた。

戦後、保守的な軍人たちの反対があったが、一九一九年に戦車を運用する近代的な機甲戦術を提唱したのはカンブレー戦などで経験を積んだ英軍参謀将校の一人だったJ・F・C・フラー大尉（のち少将）である。フラーは大戦末期にドイツ軍戦線を突破する攻勢の先鋒役となる戦車の集結を計画した軍人である。重戦車を先頭にして続く高速軽量な戦車が前線を突破して、兵員輸送車に搭載された歩兵が続行する。機甲部隊は迅速に敵戦線を突破すると敵の通信、補給、あるいは予備軍に攻撃をかけて混乱を誘い、比較的少ない損害で敵を包囲することが可能だとした。

フラーのこの大胆な戦術は多くの関心と影響をもたらして、連合軍総司令官だったフェルディナンド・フォッシュ元帥が提案に認可をあたえた。しかながら戦争終結により、戦車が戦術上の主役だとするフラーの提案はやがて忘れられてしまったが、戦車は歩兵を支援するという勝利の教義は残されていた。

一九二〇年~三〇年代には英国のフラー、リデル・ハート、ギルフォード・レック、ジファード・マーテル、フランスのマキシム・ウェイガン、シャルル・ド・ゴール、米国のアドナ・チャフィー、ロシアのミハイル・トハチェフスキー、そしてドイツのハインツ・グデーリアンらは戦車の将来性と運用についての実戦的研究、議論、講演、あるいは論文をいくつも発表したが、グデーリアンの著作『戦車に注意せよ!』はとくに知られるものだった。彼らの主張は細部において多くの異なりを見せ、戦車は歩兵の支援だけではなくより多くの戦術的機能を有すると議論された。

こうした理論の中で最も顕著な発展を見せたのはヒトラーが政権を握ったドイツであった。一九一九年にヴェルサイユ条約により戦車の保有開発が禁じられていた。だが、国軍の再建を期待するワイマール共和国軍の少数の軍人たちは、ソビエトとの秘密協定によりロシアの奥深いカザンの実験場を利用して戦車の実験や乗員訓練を密かに行なっていた。

一九三〇年代初期まで中級将校だったハインツ・グデーリアンは戦車開発と戦車戦術に取り組んでいた。グデーリアンは第一次大戦時の一九一八年春にドイツが成功させた浸透戦術に触発されて、英国のJ・F・C・フラーの考えを発展させた、戦車を中軸として独立作戦が実行できる諸兵科混合の装甲師団構想の実現に努力し、一九三三年にヒトラーが政権を奪取したときにドイツの軍事的確立のために戦車の開発と機動実証を開始した。

グデーリアンは急ごしらえのオートバイ歩兵からなる偵察分隊、軽対戦車砲、少数の装甲車、小型のI号軽戦車を用いて機動演習を実施した。それを見学したヒトラーは大きな感銘を受けて、「これこそ私が欲しかったものだ」と述べて全面的な後押しを行なった。そして第二次大戦で著名なドイツ装甲師団群が生まれ、一九四〇年には一〇個装甲師団に発展してフランス電撃戦をもって世界を驚かせるのである。

初めて戦場に姿を現わした鋼鉄の怪物英戦車マーク1

戦車を初めて提案したアーネスト・
スウィントン中佐

機甲戦術を提唱した英軍参謀将校J・C・フラー（のち少将）

装甲戦を具現化したドイツ国防軍のH・グデーリアン将軍

第3話　初期の各国機甲師団

●機甲戦の実態を見すえたドイツが抜きん出る——

歩兵、砲兵、騎兵などを包含した歩兵師団（八〇〇〇～一八〇〇〇名）のシステムは一八世紀後半に軍事界に導入された。以降、第二次大戦では従来タイプの歩兵師団とは別に機動力と戦闘力の高い機甲師団（ドイツでは装甲師団）が発展し、戦車、装甲戦闘車両、車載歩兵、機動砲兵、機動偵察など大規模な諸兵科混合編成となり、単独で作戦を遂行できる地上戦の主役となった。

機甲師団は第一次大戦後に英国で発展したが、旅団規模より大規模な編成が行なわれたのは国際的な緊張が高まった一九三〇年代だった。いくつかの軍事主要国が実験的に機甲師団を編成したが、英国の理論をよく発展させたドイツの装甲師団と戦術が第二次大戦初期の電撃戦の主役となり世界の眼を奪った。大戦間の一九三四年～三九年までの間の英国、ドイツ、フランス、ソビエト、イタリア、スペインの機甲師団の標準的戦力を表示すればおおむね別表のように集約できるが、この期間における初期機甲師団はまだ実際の戦闘経験がなく実験的なものであった。

さて、機甲部隊理論を初めて提唱した英国のJ・F・C・フラーによれば、機甲師団の戦力を最大限に発揮させるのは戦車の数ではなく、機動力（機械化）のある歩兵、砲兵、工兵、偵察、通信部隊の一体的運用をもって最大効果を発揮するが、決定的要素は組織的な機械化（自動車化）部隊であるとした。また、戦車大隊、歩兵大隊、砲兵大隊の比率は一対一対一で、すべてが同じ機動力を有することで機甲師団に戦術的な融通性（機動）を付与して最大効果のある攻撃が可能となるのである。

作戦の遂行には機甲師団を危険にさらすことなく戦闘力を存分に発揮するのに役立つ各種の情報を収集する優れた能力のある偵察部隊を保有し随時運用する必要があるが、理想的な偵察大隊は戦車、歩兵、砲兵を有し、いわば機甲師団の縮小版的要素が求められる。また、機甲師団は工兵や通信部隊の効果的な支援を必要とする。工兵は攻撃部隊の迅速な進路確保のために自然や人工の障害物除去、架橋、地雷除去に対応し、通信部隊は師団指揮下の各種部隊を連携させて高い機動性と攻撃力を確保する重要な役割を果たした。無論、機甲師団を支える膨大な補給組織が必要なのは論を待たない。こうした論旨からすれば第二次大戦前に組織された各国の機甲師団にはいくつ

1935	1938	1939				
ドイツ	英国	仏(DCR)	ドイツ	伊	スペイン	仏(DCR)
12.0	12.0	6.5	11.5	6.5	8.0	6.5
560 未達成	600	250	300	330 豆戦車	290	160
4	9	6	4	4	7	4
3	2	5	4	3	3	2
4	2	3	4	2.6	1.3	3
1	1	0	1	0.3	1	1
0.3	0.3	0	1	0.3	0.3	1
0	0	0	1	0	0	0
10	8	7	12	6	7	8

（表の注釈）

◎ DLM はフランスの Division Legere Mechanique（軽機械化師団）
◎ DCR はフランスの Division Cuirassee de Reserve（予備機甲師団）
◎兵員数（師団）は１０００人単位
◎戦車数はドイツを除き各種装甲戦闘車両を含む。
◎大隊は平均３個中隊編成
◎砲兵数は対戦車砲、対空大隊を含む
◎工兵数は通信を含む場合もある
◎評価は兵力、装備、組織、戦術などの結合的な大体の師団戦力の目安。
（出典 World War II Almanac 1931-1945）

かの欠点が指摘されるのである。

ところで、最初に機甲師団を編成したのはこの分野の先達とされる英国、フランス、ドイツではなく、じつはソビエトであった。一九三〇年代のフランス軽機械化師団は理にかなっていたが、戦略と戦術に欠けていて、どちらかといえば反撃のための機動予備軍とみなされた。これに比べると先行したソビエト

年→	1934	
国→	仏（DLM）	ソビエト
兵員	10.4	10.0
戦車	240	463
１個大隊	大隊数	
戦車	4	7
歩兵	3	4
砲兵	3	1.3
偵察	1	1.0
工兵	1	0.3
通信	0.6	1.0
評価（10点）	10	7

初期の機甲師団（欧州諸国）の戦力
（1934-1939）

の師団は専門的バランスのレベルは低かったが、機甲部隊の集中により攻撃を行なうという戦略、戦術上では進んだ考えだった。この比較的理にかなった機械化作戦は一九三〇年代の独裁者スターリンによるソビエト軍人の広範囲な粛清により発展しなかった。

イタリアは陸軍の機械化作戦について理解していた記録を見ることができるが、残念にも予算不足と弱体な工業基盤、旧式な装備、保守的な組織による不適当な配備と訓練といった欠点があった。それ以外の国ではそれぞれの政治事情、経済力、軍の目的あるいは規模にもよるが、一般的に明確な理論とその実践上の具体的な機甲部隊の組織と運用は行なわれていなかった。

ここで機甲戦の原則をバランス良く育成し発展させて、装甲師団として実現したのはドイツであった。ドイツは一九三八年型装甲師団を定型化して（目標からすれば不充分であったが）数個師団を編成し、第二次大戦勃発時の一九三九年九月のポーランド侵攻戦、続く一九四〇年五月のフランス戦で装甲部隊の突破力を実証して見せた。
他方、一九三六年～三八年のスペイン内乱でソビエトが軍事支援する共和国政府は戦車師団二個を保有していたが、基本的役割は歩兵作戦の支援任務だった。イタリアはスペイン内戦で反政府軍であるフランコ軍の支援に回り、その経験により一定の機械化を進めて一九三九年にアルバニア侵攻戦で初めて第一三一チェンタウロ師団を戦闘で用いた。

再びドイツにもどるが、ドイツ陸軍は装甲師団の発展、装備、運用、改良に努力を惜しまず、編成された装甲師団をグループ化して強力な攻撃軍となる装甲集団を構成して各国よりも巧みに運用した。一九三五年～三九年までの間にいくつかの欠陥を有しながらも広範囲な演習を実施し、しだいに装備と組織を整えていった。

一九三八年春のオーストリア併合時には、ドイツは戦闘を予期した装甲師団を先頭とする進駐を行なったが、この最初のウィーンへ向かう機動では多くの問題を露呈した。なにしろ戦車部隊の指揮官が「路上で故障した戦車はたった三〇パーセントであった」と述べた言葉に実態が示されている。加えてウィーンへ向かったドイツ装甲師団は補給支援が追いつかず、燃料枯渇の戦闘車両群は民間のガソリン・スタンドを利用しなければならないという事態に陥った。

それでもスペイン内戦でフランコ軍へコンドル義勇軍（第八八戦車大隊）を派遣したドイツ陸軍にとって、初期の戦車戦力だったI号戦車の実戦評価や戦術経験を獲得したのは以降の発展に大きな収穫となった。そしてさらに一九三八年秋にチェコ・スロバキアのズデーテンラントを保護領化するための進駐が行なわれた。

こうした一連の軍事的大規模演習ともいえる経験を積み、ドイツ陸軍は一九三九年夏までに大きな実戦的改善が行なわれて、同年秋のポーランド侵攻作戦前に七個装甲師団が準備され、侵攻時の装甲師団群は六個プラス一個装甲支隊、および準装甲師団である軽師団が四個編成されていた。この結果、翌一九四〇年のフランスと低地諸国への電撃戦（第4話ドイツ電撃戦の裏側で参照）として実を結ぶのである。

さらにヒトラー命令により装甲師団数は一〇個に増加したが、これは、それまでの装甲師団の戦車数を半減して新設師団へ移すという減戦力方策により実現したものであり、理想的な装甲師団からは遠ざかってしまったが、当時の軍事大国の機甲師団よりはるかに強力かつ進歩したものだった。

じつはドイツ装甲師団生みの親であるハインツ・グデーリアン大佐（のちに装甲兵

上級大将）らは当初一個装甲師団の戦車数を五六〇両という壮大な計画を立てていた。これは実現はしなかったが、それでもポーランド戦時は平均三〇〇両を保有し充分に強力であった。

やがて戦線の拡大と装甲師団の増大により一九四一年のロシア侵攻戦時にはさらに一五〇～一八〇両に減じてしまった。それでも、当時の標準からすればまだ強力な戦力だった。以降、一九三九年型、一九四三年型、一九四四年型、一九四五年型と戦況に応じて装甲師団は変化していくことになるのである。結果的に規模が異なるが装甲師団と名称のついたものは約五〇個あり、そのうち内容的に装甲師団と呼べるのは三〇個ほどであった。なお、ドイツには国防軍以外に空軍降下装甲師団（ヘルマン・ゲーリング）二個と武装親衛隊（SS）に七個SS装甲師団があった。

付言すれば、ドイツ装甲師団（機甲師団）の黎明期から一〇年後の一九四四年夏にノルマンディ上陸戦から欧州反攻を行なった米軍機甲部隊の完成形はどうかというと、戦車三四〇両で、英軍は一個旅団二四〇両であるが、とくに米軍機甲師団の自動車化率は驚異的であった。

第２次大戦初期、フランスを席巻するドイツ装甲部隊の２号戦車

フランス軍のソミュアＳ35騎兵戦車

英国の巡航戦車マーク４

ソビエトの騎兵支援用ＢＴ７軽戦車

第4話　ドイツ電撃戦の裏側で

●戦闘車両の燃料一滴は血の一滴――

第一次大戦は大口径砲が主軸だった砲撃戦、第二次大戦は戦車を先頭にして疾風怒濤の機動侵攻を行なう機甲戦（ドイツでは装甲戦）が地上戦の主役だった。大戦開始後の二年間はドイツ装甲師団群が各地で電撃戦を展開して世界の軍事界を驚かせた。

ドイツの典型的な一個装甲師団は二個戦車大隊からなる一個戦車連隊（平均的に一五〇～一八〇両の戦車）、二個連隊からなる擲弾兵旅団（車載）、装甲砲兵連隊、工兵大隊、対戦車砲大隊、偵察大隊など他国に比べて規模が大きく、一万四〇〇〇名を擁する各種兵科混合の独立作戦が可能なものだった。しかし、戦車をはじめとして各種の装甲戦闘車両、兵器、弾薬、燃料、資材、食料、補給品をがぶ飲みする巨大なモンスター組織だった。

同時代の戦車一両は三万点以上の部品から構成されていたが、多くの部品は使用中に損耗するので毎日数時間の保守点検を必要とした。ドイツの主力戦車の一つだった

Ⅳ号戦車の初期型の耐久力は八〇〇キロ（のちに一四〇〇キロ）、少し遅れて登場した米国のＭ４シャーマン戦車の初期型は一〇〇〇キロ走行程度でオーバーホールを実施しなければならなかった。

一九四〇年のドイツによるフランス侵攻戦はおよそ六〇〇キロ範囲内の進撃で充分達成されたが、翌一九四一年六月二十二日のロシア侵攻戦の戦場は装甲部隊の戦車の限度を越える進撃により機械故障の頻度が数倍に増すという重大問題に直面した。また、整備、弾薬、部品供給、糧食といった兵站上の不十分な支援態勢も作戦運用を妨げた。

敵の前線を突破して進む戦車は歩兵の支援を受けるが、それには歩兵を随伴させるための機械化歩兵車載用のトラックか兵員輸送車の装備が必要だった。また、偵察用の装甲車や火砲牽引車などすべてが自動車化されるので大小の修理所が必然的に求められた。

ドイツの自動車産業と設備は資源を含めて限定的であり、ドイツ装甲師団群（初期は一〇装甲師団で最終的に実質三〇個師団となった）に必要な車両が供給されなかった。とくに装甲師団の修理中隊が運用する大小の修理廠は機械化部隊にとって不可欠であった。前線近くに存在し、戦闘で損傷した戦車や車両の回収と修理を行ない、数時間、あるいは一日で迅速に戦場へもどしたが、作戦の可否に影響する重要な要素の一つだった。

ドイツの場合、平均的にみて故障や損傷戦車の七〇～八〇パーセントを戦場にもどすことが可能であり少ない戦闘車両をかなり効率的に運用した。弾薬は迅速な電撃的進撃に絶対必要な補給物資であり、作戦の性質上莫大な量を消費した。そこで補給の段列も自動車化により並行して進まねばならず、もし、弾薬がなければ戦車を先頭にする先鋒部隊は戦うことができないのである。

たとえば、師団砲兵部隊は激しい戦闘で毎時三〇〇トンの砲弾を消費する。種類と目的にもよるが砲弾の多くは梱包されているので三〇〇トンの弾薬は輸送時には三五〇トンとなる。歩兵の大半が携行する小銃と下士官・士官が用いた短機関銃、一〇〇〇梃の機関銃、二〇ミリ、三七ミリ対空砲など七八門、軽・重迫撃砲六九門、七五ミリと一〇五ミリ歩兵砲五六門、一五〇ミリ重砲八門などが消費する巨大な量の弾薬を備蓄して戦闘後にまた補給しなければならず、加えて機械化部隊の自動車両の円滑で途切れない燃料補給は最大の課題だった。

とくに戦闘車両の血液にたとえられる燃料はドイツ軍のアキレス腱であり、早くから人造石油を加えてまかなっていたが、工場運営には大きな経費と手間がかかった。

大戦末期の一九四四年夏にルーマニアのプロエスチ油田を失ったドイツ軍は航空機と戦車があっても燃料不足で稼働できなくなってしまった。

ところで、ドイツの平均的な装甲師団が保有する一五〇両の戦車を一六〇キロ稼働させるための燃料はどのくらい必要だったのであろうか。

年度	師団主要戦車	燃料消費量(一六〇キロ走行)
一九四一年	Ⅱ号、Ⅲ号、Ⅳ号、38(t)戦車	二二・一トン
一九四二年	Ⅲ号、Ⅳ号戦車	二三・七トン
一九四三年	Ⅲ号、Ⅳ号、パンター、ティーガー戦車	三一・七トン
一九四四年	Ⅳ号、パンター、ティーガー戦車	三五・八トン

また、燃料供給計画は許容範囲五パーセントの無駄(前線での不経済な燃料補給方法など)が生じることも考慮しなければならない。そして戦場の条件により燃料の量は左右される。

たとえば、北アフリカ戦線のロンメル元帥指揮するアフリカ機甲軍への燃料補給の場合、補給港から遠方にいる戦闘部隊へ供給するために補給量と同量の燃料を消費したという事実がある。この場合、戦車だけでは戦闘ができないので機甲軍のすべての車両二六〇〇両分の燃料補給が必要であり、戦術と合わせて裏方である兵站の重要性と莫大な戦費がかかることが理解できるのである。

燃料こそが生命線。1943年の冬季ロシア戦線の雪原で燃料補給中のドイツ4号G型戦車群

ドイツの燃料輸送列車。いかに性能の良い戦車も航空機も燃料なくしては単なる金属の塊である

第5話　軍馬

●じつは近代戦になくてはならない戦力――

軍馬（軍隊で用いる馬）の歴史は古く紀元前一九世紀頃、東ヨーロッパで用いられたチャリオット（戦闘用馬車）に始まるとされる。古来、戦争で重要な役割を担っていたが、やがて騎兵が機動力を生かす戦力として各国で重用されてきた。

しかし、一九世紀半ばになると、小銃、機関銃といった歩兵の携行兵器の発達とそれにともなう戦術変遷により軍馬の重要度はその役割と運用方法が変化していった。とくに一九一四年～一八年の第一次大戦では欧州の両陣営が野戦決戦を避けて対峙する、いわゆる塹壕戦と砲撃戦が主流となった。とはいえ軍馬は依然として騎兵、兵站輸送、火砲牽引などの分野でなくてはならない役割を果たし、両陣営でじつに三〇〇万頭以上が活動したとされている。そしてその後の大戦間の平和期にあっても各国陸軍で軍馬は様々に運用されていたのである。

第二次大戦は機械化部隊の戦いと評されるが、内実、多くの国々の陸軍は軍馬を火砲牽引と前線への補給を担う輸送隊において用いていた。第二次大戦初期の欧州戦はドイツ陸軍の近代的装甲師団の戦車を先頭にする電撃戦が、宣伝効果もあって一躍有名となり、一般に機械化部隊同士の激突と見なされていたが、実態は輸送（兵站）分野の優劣が戦闘の勝敗を決した。

ドイツ陸軍は一九四一年六月二十二日のソビエト侵攻戦時に三五〇〇両の装甲戦闘車両と約六〇万両の自動車両を保有していたが、装甲師団と機械化（車載化）師団は全部隊の一〇パーセントに過ぎず、残りの九〇パーセントの全歩兵師団（最終的に三七五師団を数えた）は、少なくとも一五〇万頭以上の軍馬の活動により支えられていた。作戦上の限界は別として軍馬が巨大な兵站を担っていたのである。

たとえば、三頭の軍馬で榴弾砲を牽引するが、その軍馬の飼料を運ぶために別に二頭の馬を必要とした。軍馬は生き物でありトラックのように頑丈ではなく、ドイツ陸軍は一日の戦闘で一〇〇〇頭以上の軍馬を失った。原因別に見ると戦闘で七五パーセント、過労で一七パーセント、疾病、低体温症、飢餓などが八パーセントだったが、それでも軍馬の有効性は極めて高かったのである。

戦争に突入したときのドイツの自動車産業の不統一性（多数の中小自動車メーカー）により充分な自動車の供給ができず、結果的に地上軍の大半が軍馬に頼らざるを得なかったという事情もあった。ドイツ軍に供給された軍馬の数は正確には分からないが損失は二七〇万頭とされ、この数は第一次大戦の損失数一四〇万頭の約二倍であり、破壊されて稼働しない自動車とは異なり馬は食料としても役立つために、補給の途絶えた戦場の飢餓地獄から生還した事例もみられた。

一九三九年九月一日に第二次大戦の序曲となるポーランド侵攻戦が始まったとき、ドイツ国防軍が有する九〇個歩兵師団のうち完全な戦力充足の機械化（車載化）師団は四個に過ぎず、残りは軍馬なしには作戦を実行することができなかったことがドイツ側の記録でも例証される。完全編成とされるドイツの典型的な一個歩兵師団は自動車両三九四両（徴募された民間車両を含む）、トラック六一五両、これに加えて、じつに四八四二頭もの軍馬が割りあてられていた。そして装備不十分な歩兵師団は自動車両三三〇両、トラック二四八両であり、代わって軍馬の数が六三三〇頭に増加した。

ドイツは戦争の全期間を通じて三〇〇万頭が地上軍を支え、長い五年半の戦争が終わったとき、まだ二七万頭の軍馬が残っていた。ポーランド侵攻戦時にポーランド騎兵隊が無謀にも進撃してくるドイツの戦車隊に挑んだという記録があるが、ドイツでも軍馬は一部の騎兵、輸送、火砲牽引などで想像以上に大きな役割を果たしたのは事実である。

第二次大戦初期にドイツ陸軍は古典的な一個騎兵師団を有してポーランド戦とフランス戦に参加したが、この騎兵師団は一九四一年夏のロシア侵攻戦時に第二四装甲師団に転換された。しかし、ロシアの広大な大地と森林で武装パルチザンに対抗するには軍馬を用いる部隊が有効だと論じられて、SS（武装親衛隊）が徴募編成した非ドイツ人（外国人で編成された七個SS義勇〔騎兵〕師団＝主として中央アジアとウクライナ人で編成）たちが馬を用いてソビエト武装パルチザン部隊と戦った。

また、イタリア騎兵隊もロシア戦線で活動して成功している。これは、一九四二年八月二十四日の夜にヴォルゴグラード州のイスブシェンスキーでイタリアのサボイア軽騎兵連隊の二個戦闘団七〇〇名がソビエト軍二五〇〇名の歩兵大隊へ側面攻撃を行ない、ソビエト兵四五〇名が死傷し六〇〇名を捕虜にして、イタリア側は戦死傷八四名と軍馬一一〇頭を失うが勝利している。

一方で、騎兵をもっとも大規模に用いたのはソビエト軍であるが、五〇個騎兵師団の五〇万名もの騎兵、あるいは軍馬を使用する部隊が活動した。これらのいくつかの師団はその後、騎兵から逐次機械化部隊に転換されて機甲部隊的な運用により戦線浸透、拡大、襲撃などの戦術で成功している。

ソビエトの数個騎兵師団は一九四二年十一月のスターリングラード戦や森林地帯で

の戦闘で効果的に運用されたが、大戦末期の一九四四年夏頃が最高潮期となった。たとえば、ポーランドとの国境近いプリペチ湿地帯を撤退して行くドイツ軍を追撃するソビエト機械化部隊の攻撃作戦は地理的に不能となり、代わってソビエト騎兵部隊がよく機動してドイツ中央軍集団の側面を突く作戦を成功へ導いた。ソビエトにおいて軍馬や驢馬は重要な輸送手段として残存し、完全な機械化軍として完成するのは一九六〇年代になってからである。

機械化の進んだ米軍でも日本軍の真珠湾攻撃が起こった一九四一年十二月の段階で二個騎兵師団と数個の州兵騎兵師団が軍馬を使用していた。第二騎兵師団は黒人部隊であるが、一九四三年に北アフリカ戦線へ派遣されると、モロッコでスペインのフランコ総統が軍事行動を起こさないように監視していた。またテキサス州兵で第一一二騎兵連隊は太平洋戦域のニューカレドニアで活動し一九四三年五月に騎兵としての任務を終えたが、公式記録では米軍最後の騎兵戦闘部隊となった。

しかし、一九四三年七月のイタリアのシシリー島上陸戦は山岳戦場であり、米第三歩兵師団長で騎兵出身のルシアン・トルスコット少将が臨時に軍馬を利用する偵察部隊を編成して有効に運用したが、のちにイタリア本土侵攻戦時にも同様な部隊が使用されている。また驚くことにモンゴルに設置された米海軍観測所の保安部隊も軍馬を用いている。このほかに米本土東海岸ではドイツのUボート（潜水艦）からひそかに上陸する秘密情報員や破壊活動を行なう工作員を阻止するために、海岸パトロールで沿岸警備隊の軍馬が活躍している。ユーゴスラビアの対独パルチザン（武装抵抗組織）部隊は山岳地での戦闘や輸送でひろく馬を用いた。

日本では明治以降、内閣馬政局で軍馬の品種改良が実施され、一九三八年の国家総動員法と軍馬資源法により軍馬の確保が行なわれ、師団の重兵器搬送と兵站（輸送）などで広範囲に頼るところが大きかった。陸軍省の軍馬補充部が軍馬を管轄して一九四一年時で一三〜一四万頭の軍馬を保有し、歩兵師団の軍馬数は約四五〇〇頭だった。一九四五年に中国戦線の老河口作戦に参加した陸軍騎兵第四旅団が老河口飛行場を占領したが、これは騎兵部隊の中で最も成功した作戦の一つといわれている。

第二次大戦の表の顔は近代的な戦争であったが、一方で軍馬が非常に有効に活用されたのも見過ごせない事実である。

泥濘で立ち往生したドイツ軍のサイドカーを２馬力の軍馬で牽引する

1939年９月にドイツ軍戦車隊に突撃したポーランドの騎兵隊

1945年４月、イタリア戦線の山地でＭ４戦車を支援する軍馬

1940年の中国戦線における日本陸軍第３師団の将兵と軍馬

第6話　第二次世界大戦と歴史艦

●記念艦とはいえ老いてもなお現役——

一八〇五年にホレーショ・ネルソン提督が座乗する英艦隊旗艦としてフランス・スペイン連合艦隊とトラファルガー海戦で戦った一等戦列艦ヴィクトリー（三五〇〇トン）は、英国で最も有名な木造艦（一七六五年進水）である。以降、ずっと英国海軍の象徴的な記念艦であった。この歴史的な名艦が第二次大戦中にマイナーな任務を果たしたことはあまり知られていない。

一九四〇年夏の英国上空でくりひろげられた英独航空戦において、攻めるドイツ空軍は制空権が取れず、ヒトラーは英国侵攻あざらし作戦を同年十月に無期延期としたが、事実上の中止となった。しかし、ここでドイツ空軍は夜間爆撃戦術に変更して攻撃を続行していた。そうした一九四一年三月十日～十一日、英国南部ポーツマス港の乾ドックで復元作業が行なわれていた一〇〇門砲（のちに一〇四門砲）のヴィクトリーがドイツ空軍の爆撃を受け、船体とドックの壁の間に投下された二五〇キロ爆弾が周囲一一平方メートルに損害をあたえた。爆撃により修理時に船体を乗せる鋼製船架が破壊され、三本マストのうち前方マストが損傷したが、木製船体は驚くべき耐性を発揮した。

この爆撃は英国海軍の上級提督たちがヴィクトリー艦上で作戦会議を行なっていることをドイツ側が知っていたからとされるが証明はされていない。しかし、宣伝大臣ヨゼフ・ゲッベルスの率いる宣伝省傘下のドイツ放送のアナウンサーがすかさず、英国の誇りである戦艦ヴィクトリーを破壊したと得意げにニュースで語ると、英海軍もBBC放送を通じてきっぱりと否定のコメントを発してみせた。この有名な木造の歴史的戦艦ヴィクトリーは現在でも英第一海軍艦隊旗艦として現役なのである。

もう一隻の著名な木造歴史艦は一八一五年就役の三等戦列艦のウェルズリーで、排水量一七四五トンで七四門の砲を搭載していた。この艦は一八三九年に英東インド会社の中東進出時の背景武力となり、パキスタンのカラチ占領や同年のアングロ・ペルシャ（イラン）条約締結の圧力のために投入されたほか、一八四〇年のアヘン戦争でも香港支配の武力として派遣された艦だった。そして第二次大戦開始時にリヴァプールで砲手の訓練艦となっていたが、一九四〇年九月二十四日にドイツ空軍による爆撃でひどく破壊されてしまった。もっとも英海軍はこの二隻以外に一ダースほどの歴史木造艦を残存させ、現役艦として幾世代も海軍の兵舎や訓練学校など一定の任務に使用していた。

他方、こうした歴史艦を用いたのは英国だけでなく米海軍でも見られた。たとえば一七九七年の初代フリゲート艦コンステレーションの部品を用いた最後のスループ（帆船型）艦コンステレーションは一八五四年に完成して、地中海派遣や奴隷船摘発など多くの任務についていた。そして第二次大戦初期の一九四〇年にはなんと再就役しているのである。その後、米国が参戦すると一九四二年に米大西洋艦隊司令官だったアーネスト・キング海軍大将の旗艦としてしばらく用いられた。時が過ぎて第二次大戦後の一九六一年に航空母艦コンステレーション（CV64）にその名前が引き継がれた。なお二代目コンステレーションは米東岸のボルチモアで修復展示されている。

このほかに一八九六年就役の戦艦オレゴンは一万四五三トンの全装甲鋼製の前弩級型戦艦で一九〇六年に退役したが、五年後の一九一一年に再就役して第一次大戦後の一九一九年に退役している。さらに太平洋戦争中の一九四四年、オレゴンはグアム島侵攻戦時に各種艦船の砲弾を運ぶ弾薬船として再再度就役して、太平洋艦隊の裏方として多大な貢献をなしたが、戦後の一九五六年にスクラップとなった。

一方、ソビエトにも木造艦ではないが豊富な戦歴を有する一九〇三年就役で六七三一トンの巡洋艦アヴローラ（オーロラ）がある。アヴローラはバルチック艦隊の一艦として極東へ送られ、一九〇五年五月二十七日の日本海海戦で艦長戦死となり船体に損傷を受けてマニラへ脱出し、翌一九〇六年にバルト海へ帰還した。それから八年後の一九一四年に第一次大戦に参加し、一九一七年十月二十五日のロシア革命時にその最初の一発がここで発射されたとされる。

アヴローラは一九二二年以降は練習艦になっていたが、一九年後の一九四一年六月に独ソ戦が始まるとレニングラード（サンクトペテルブルク）のオラニエンバウム港に停泊して、ドイツ軍によるレニングラード包囲戦が行なわれるとドイツ爆撃機を迎撃する対空砲陣地として用いられた。そして九月三十日、ドイツ軍の砲撃で損傷して着底した。本艦は大戦後の一九四八年に修復されて練習艦となり、その後、ネヴァ河畔に係留されて記念艦となっている。

歴史艦の戦艦ヴィクトリーは
第2次大戦時も現役艦であり
ドイツ機に爆撃された

多彩な戦歴のロシア巡洋艦アヴローラ(オーロラ)

第7話　ヒトラーの騎士鉄十字章

●戦時下の国民の士気高揚になったのか――

第二次大戦中、ヒトラーが支配したドイツはさまざまな分野で粗製濫造といわれるほど多種多様な勲章やバッジを創設して国民の士気を高めようとした。なかでも戦闘で獲得する戦功章として知られるのが鉄十字章である。この鉄十字章の歴史は古く、一八一三年にプロイセン皇帝フリードリッヒ・ヴィルヘルム三世が対仏戦争でナポレオン一世を打倒した、いわゆる「解放戦争」時にブレスラウで制定したのが始まりだった。

鉄十字章は一八世紀のギリシャ建築に倣った新古典主義建築家で、またベルリン都市計画などで知られるカルル・フリードリッヒ・シンケル（一七八一年～一八四一年）が、ドイツ騎士団に由来する鉄十字紋章をもとにデザインしたシンプルだが格調高い勲章である。軍人ならば兵士から将軍までだれでも受章できるもので、一八一三年～一五年のドイツによるパリ陥落からナポレオン皇帝の復活をねらったワーテルロー戦時にも授与された。その後、一八七〇年の普仏戦争中にドイツ皇帝ヴィルヘルム一世が改定し、一九一四年～一八年の第一次大戦時にヴィルヘルム二世が細部の規定制定を行なったが、基本的大枠はずっと継承されていた。そしてヒトラー時代の一九三九年～四五年までの第二次大戦において装いを新たにしたのである。

第一次大戦時の戦功章である鉄十字章は二級、一級、大鉄十字章の三種で、戦功のあった者が低い方から高い方へと順に受章するが、一級受章には二級受章が必須であり、大鉄十字章は一級受章が前提だった。ただし、このほかにプール・ル・メリット勲章があり、こちらは戦場武功章ともいうべきもので士官が受章した。

ちなみに第一次大戦時の一級鉄十字章受章者は一六万三〇〇〇名で二級鉄十字章は五〇一万人、また戦後の追加者が二六万一〇〇〇人である。大鉄十字章受章者は五名のみであり、士官専用のプール・ル・メリット勲章は六八七名で下士官兵士用の最高勲章である金色戦功十字章は一七六二名だった。

そして一九三三年以降のヒトラー時代と大規模な第二次大戦中は将兵の士気高揚のために三回にわたって改定されて、鉄十字章は五種類に増加して最終的に八種類となった。これは、ある意味の勲章インフレであった。

1、二級鉄十字章

2、一級鉄十字章
3、騎士鉄十字章 （一九三九年制定）
4、柏葉騎士鉄十字章（一九四〇年六月三日制定）
5、剣付柏葉騎士鉄十字章（一九四一年九月二十八日制定）
6、ダイヤモンド剣付柏葉騎士鉄十字章（一九四一年九月二十八日制定）
7、金色剣付柏葉騎士鉄十字章（一九四四年十二月二十九日制定）
8、大鉄十字章

第二次大戦中にドイツ人一五〇〇万人が何らかのかたちで戦争に関与したが、二級鉄十字章は女性を含む約三〇〇万人が受章し一級鉄十字章受章者は約四五万人である。さらに受章規定の厳格な騎士鉄十字章受章者は七三九九名（関係者全体の〇・〇五パーセント）、その上の柏葉騎士鉄十字章は外国人（九名）を含んで八六〇名、剣付柏葉騎士鉄十字章は（外国人一名）一五八名、ダイヤモンド剣付柏葉騎士鉄十字章（一二名のみに限定された）は空軍のルデル大佐一名のみであり、大鉄十字章はヘルマン・ゲーリング国家元帥一名（ワーテルローでナポレオン軍に勝利したゲプハルト・フォン・ブルッヒャーと第一次大戦時にロシア軍に勝利したパウル・フォン・ヒンデンブルグが受章している）である。また、ヒトラーは二九名の女性たちにも鉄十字章をあたえたが、著名な女流パイロットのハンナ・ライチェに二級、一級鉄十字章を授与している。

これらの鉄十字章はヒトラー時代の一九三九年に細部が再制定されて八章からなる授与規定が整備された。要略すれば以下のようになる。

一章は勲章の種類、二章は受章資格、三章は騎士鉄十字章規定、四章は鉄十字章の形状や着用規定を示した。たとえば二級鉄十字章は黒、赤、白の三色リボンを軍服の第二ボタンホールに飾り、一級鉄十字章はリボンなしで左胸に着用、騎士鉄十字章は黒、赤、白の三色リボンで首から吊って襟元へ飾るといった具合である。五章は第一次大戦時の鉄十字章保持者規定、六章は保持者の死後の親族保持規定、七章省略、八章は総統官房と国防軍最高司令部で行なう授与規定だった。

騎士鉄十字章以上の受章者総数は八四一九名であるが、うち二〇・五パーセントにあたる一七三〇名がドイツ空軍の所属であり、さらに一五・七パーセントの一三二〇名が飛行部隊の所属で戦闘機パイロットが圧倒的に多かった。これは敵機撃墜という明確な目標があり、叙勲規定上においても比較的判断しやすかったからである。騎士鉄十字章はヒトラーの大盤振る舞いともいわれるが、実際の受章者は全軍中の〇・三〜〇・四パーセントとされるので、やはり希少価値はあったであろう。

北アフリカ戦線でロンメル元帥(右)から騎士鉄十字章を授与される兵士

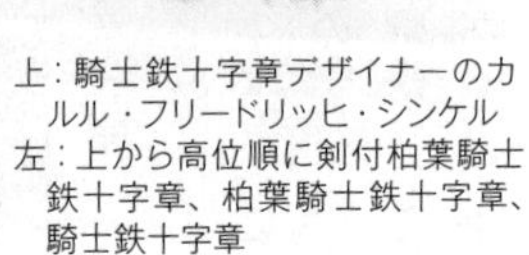

上：騎士鉄十字章デザイナーのカルル・フリードリッヒ・シンケル
左：上から高位順に剣付柏葉騎士鉄十字章、柏葉騎士鉄十字章、騎士鉄十字章

第８話　米国のレンド・リース（武器貸与法）

●枢軸国打倒のために必要な物は犠牲をかえりみず――

　第二次大戦時、米国は武器貸与法（レンド・リース）を成立させるとドイツと戦う英国へ公式に支援が行なわれた。続いて一九四一年八月、独ソ戦開始から二ヵ月後には連合国から初めて援助物資を運ぶ船団が厳しい気象条件下の極北航路を経由してソビエト北方のムルマンスクに入港した。以降、四年間にドイツＵボート（潜水艦）や航空攻撃の妨害で損害を受けつつも武器と資材は絶え間なく送られ、ドイツ軍と戦うソビエト軍前線将兵の戦力を強化した。

　この米国の武器貸与法は戦争三年目の一九四一年三月、戦費の逼迫する英国と他の連合国を支援して枢軸国陣営に対抗する目的で議会制定された。これにより時の大統領フランクリン・Ｄ・ルーズベルトは米国の安全保障上極めて重要な国々に兵器と軍事資材を貸与する権限が付与されたと語り、三月十一日に公法一七七六武器貸与法として発布されると、世界規模の巨大な戦争の行方に大きな影響をあたえた。

艦船、軍用機、戦車、トラック、ジープ、火砲、弾薬、軍用資材、食料などのほかに一九四一年時の五一〇億ドルの現金が四五ヵ国に分配された。その他の予算として被供与国が要求しなくても、必要があると判断された場合の資材供与が存在した。ある資料によれば二〇二二年と当時のドルのインフレ率は一六・四九倍とされるので、総額五一〇億ドルは八四〇〇億ドル以上（少なくとも一一八兆円）と推定されるが、武器供与法で取りあつかわれた兵器資材の内容もまた桁はずれだった。

たとえばソビエトの場合、四三万両のトラック、七〇〇〇機の戦闘機、三四四万台の野戦電話装置などがあげられ、他に、ジープ、B17爆撃機、M1ライフルなどもあった。興味深いことに「逆武器貸与法」というものがあり、連合国の数ヵ国は原子爆弾開発に必要なウラニューム鉱、あるいはチーズなどが米国に供与されたが、これは総額で約一〇〇億ドル以上（現在の価値で一六五〇億ドル）と記録される。

第二次大戦中に米国のレンド・リースに加えて、英国などもソビエトへ大きな兵器類の支援を行なった。ドイツと戦うソビエトにとって兵器と資材は一九四一年～四二年がもっとも必要な時期であったために、大量の資材がどのように有効であるかの充分な検証もなく送られた。なかには英米で旧式とされた兵器や資材も含まれていたが、この時期のソビエトにはまことに有用なものであった。

戦争が終了して数十年後になってから、当時のソビエトの将官たちは「そのときの支援物資は緊急に必要なものであり極めて有用だった」と語っている。多数の品目中でとくに有効だったのは一〇〇オクタン価の航空燃料があげられる。軍用機のエンジン性能を充分に引き出すために必要な血液であり、ドイツ機との空戦上で欠くべからざるものだった。

また、ソビエトの戦車は戦闘に必要な性能と武装に目的を絞って開発（たとえばT34戦車）されて非常に優れていたので、英国が供給した旧式戦車（チャーチル戦車など）は不要と判断されたが、M4シャーマン戦車は機動性と機械的信頼性の高さからかなり重用された。さらにソビエトの自動車産業は戦車の生産に全力をあげていたので、トラック類は米国からの支援に大きく依存していた。実際に米軍用トラック（たとえばスチュードベーカーUS6、GMC二・五トン）は優秀であり、大戦中のソビエト軍の機動力向上に大きく寄与した。

軍用電話線は前線と司令部、前線内、あるいは砲兵隊、補給隊など、あらゆる兵科との連携通信に欠かせない資材であり、野戦で用いるために防水か非防水かは重要なポイントであった。このために防水通信線は非常に高品質な生産基準が求められ、当時のソビエトと連合国では電話線の信頼性（品質）においてかなり差があったとされる。戦場のソビエト軍はドイツ軍による無線電話の盗聴を懸念して有線通信を優先したという事情もあって、とくに必要な資材として大きな役割を果たしたことはあまり知られていない。

ソビエトでは電子産業の発達が英米より遅れていたために、多くの戦車や航空機は無線機の装備がなかった。軍用機や戦車を運用する指揮官は上級司令部と通信するための無線機を装備していたが、下級部隊では手信号による指示にしたがっていた。やがて大半の軍用機に命令を受領するための受信機が搭載されたが、戦闘ではあまり有効に機能しなかったとされる。こうした状況をいちじるしく改善したのは米国が供与した三四万台の近代的な無線機セットであるが、無線を多用するドイツ軍に対抗するために有効な役割を演じたのは事実である。

他方、連合国（主に米国）が英国の諸港から出航する極北航路でムルマンスク港へ送った莫大な戦争資材が、Uボート、航空機、艦艇、悪天候などの理由で多くの輸送船とともに失われた。総船舶数は一五二八隻にのぼり、八一一隻（五三パーセント）が極北航路のノルウェー海からバレンツ海を経てアルハンゲルスク港とムルマンスク港へ向かい、そのうち七二〇隻（四七パーセント）が到着し、三三隻は引き返し、五八隻（七・一パーセント）が沈められた。

援ソ船団は四〇〇万トンの軍事資材を運んだが、ドイツ側の攻撃や事故などで少なくとも五〇〇〇両の戦車、七〇〇〇機の航空機、そして三〇万トンの戦争資材が海底へ沈んでしまったが、その喪失数は大会戦における損害よりも大きかった。他方、大西洋方面で活動した二八八九隻の船舶中、大西洋で失われた船舶は六五四隻で二二・六パーセントと損失率は高かった。

ドイツはソビエトへの連合国の援助という血流を停止させようと懸命の阻止を図った。しかし、ソビエトの対独戦争継続能力の維持は連合国にとって政治的にも軍事的にも重要な戦略であり、損害を顧みず勝利をめざして援助が続行されたのだった。

国 名（アイウエオ順）	レンド・リース額（ドル表示）
アイスランド	4,795,027.90
イラク	4,144.14
イラン	4,795,092.50
ウルガイ	7,148,610.13
英国	31,267,240,530.63
エクアドル	7,063,079.96
エジプト	1,019,169.14
エチオピア	5,151,163.25
エルサルバドール	893,358.28
オランダ	230,127,717.63
ガテマラ	1,819,403.19
キューバ	5,739,133.33
ギリシャ	75,475,880.30
コスタリカ	155,022.73
コロンビア	7,809,732.58
サウジアラビア	17,417,878.70
ソビエト	11,260,343,603.02
チェコ.スロバキア	413,398.73
チリ	21,817,478.16
中国	1,548,794,965.99
トルコ	26,640,031.50
ドミニカ	1,610,590.38
ニカラグア	872,841.73
ノルウェー	51,524,124.36

ハイチ	1,449,096.40
パナマ	83,555.92
パラガイ	1,933,302.00
フランス	3,207,608,188.75
ブラジル	332,545,226.43
ベルギー	148,394,457.76
ペルー	18,525,771.19
ホンデュラス	732,358.11
ボリビア	5,633,989.02
ポーランド	16,935,163.60
メキシコ	36,287,010.67
ユーゴスラビア	32,026,355.58
リベリア	6,408,240.13
ヴェネズエラ	4,336,079.35
各国援助額合計	43,361,568,773.22
その他の予算	2,578,827,000,000
合計援助額	50,940,395,773.22

レンド・リースで英国へ供
与された第1次大戦型の
ウィックス級駆逐艦

レンド・リースでソビエトへ送られるスチュード・ベーカー
US6トラック

第9話　ゲーリング元帥の空軍野戦軍

●その権力をふるって兵員と優秀な装備を補填させた――

第二次大戦中のドイツ国防軍は陸海空三軍のほかに、ヒトラーとナチ党の護衛を任務とする私兵組織から発展してハインリッヒ・ヒムラーSS長官が掌握する親衛隊（SS）の武装組織である武装親衛隊（ヴァッフェンSS・12話ヒトラーの外国人部隊参照）と共闘した。またゲーリングが率いるドイツ空軍で二〇〇万人以上が地上軍として存在したのも特異なことだった。

概説すれば、ドイツ空軍には降下作戦、突撃グライダー作戦、空輸作戦を行なう空挺師団から発展した降下猟兵師団群、陸軍歩兵と同様な任務につく空軍野戦師団群、および対空師団群（一般的に対空部隊は陸軍の管轄が多かった）があった。第二次大戦が開始されたとき、ドイツ空軍の地上軍は対空部隊だけだったが、空軍野戦部隊が加わり、最終的に降下猟兵部隊と拡大された対空部隊が空軍部隊の五〇パーセントを占めた。ドイツ空軍を率いたのはアドルフ・ヒトラー政権のナンバー・ツーで、第一次大戦時は戦闘機エースだったヘルマン・ゲーリングである。このゲーリングの政治的権力によりドイツ対空部隊の半分を指揮下に置いていた。

当初、陸軍も降下部隊を保有していたが規模が小さかったせいもあり、ナチ党政権内のゲーリング元帥の強い影響力により最初の降下大隊は空軍へ吸収された。また本国常駐の陸軍対空砲部隊もその所属についてゲーリング小帝国とは争わなかった。

第二次大戦が進展して東部戦線（ロシア）へ侵攻したドイツ軍は各地で損耗を続け、とくに一九四三年初めのスターリングラード戦の敗北で人的資源の危機が増大した。一九四三年三月までの一年間で一〇〇万人という巨大な兵員が失われてしまい、補充が進められる過程でドイツ陸軍は空軍の余剰人員からの補充を要請した。

この要請に対して、ゲーリングの政治力の優位性により空軍の管轄下に置くという条件で呼応し、二五万の兵員による二二個空軍野戦師団を生み出した。兵員はゲーリングの指揮下にあったが、陸軍の管轄だった主要な兵器装備と熟練兵士、下士官、士官の獲得は別問題であり、質の部分はずっと尾を引くことになるのである。

これらの空軍野戦師団群は一九四三年初期からロシア戦線へ派遣されたが、重砲、重迫撃砲などの重装備率は陸軍師団の五〇パーセント程度であり、機関銃はおおむね同レベルとされたが、実質は一五パーセント減だった。加えて、依然として経験豊かな各階層の指揮官の欠如は重大な欠陥のままだった。

往時の経験者は次のように語っている。

「一九四三年半ばまでに二二個空軍野戦師団のうち四個師団が消滅してしまい、同年後半には三個師団が激しい戦闘で消耗した。翌一九四四年前半の六ヵ月間で四個師団、後半に七個師団が撃滅され、一九四五年初期に残存したのは四個師団となり、空軍野戦師団は陸軍部隊に比べれば極めて損耗率が高かった。残存兵員は空軍の降下猟兵師団群（すでに降下訓練もない軽装備の地上軍）の兵員補充と陸軍部隊へ吸収された」

もう一つのゲーリングの空挺部隊は大戦初期には順調な活動を見せた。最初の降下大隊はヒトラーの西方奇襲戦（フランス、ベルギー、オランダ）に用いるために一九三九年のポーランド戦には投入されなかった。この降下大隊は新設の第七空挺師団に統合されて四五〇〇名の兵員を有していたが、一九四〇年三月の北欧侵攻戦では奇襲部隊として用いられた。

一九四〇年五月にフランスと低地諸国を攻める西方電撃戦が開始されると第七空挺師団の大部分がベルギーとオランダ戦線へ送られ、エバン・エマエル要塞（第一次大戦の戦訓によりドイツの侵攻を阻止する要塞）と味方の地上軍の進撃路上の橋梁確保などで活動したが、一連の先駆的な空挺作戦は連合軍の軍事ドクトリンに衝撃をあたえた。

また陸軍は第二二空輸師団を保有して、空挺部隊が占領した飛行場へ輸送機で送り込まれて戦果を拡大する役目を担っていたが、実際は空軍の指揮下で運用しなければならず組織は複雑であり、一九四一年前半までは犠牲も多かったが空挺作戦でいくつかの勝利が獲得された。

一九四一年三月にロシア侵攻戦の南翼を安全にするためにドイツ軍はバルカン作戦を発起してギリシャを占領すると、英ギリシャ派遣軍は地中海のクレタ島へと撤退した。英海軍はクレタ島周辺の海域を支配してドイツ空軍が空を制する状況にあるなかで、ドイツ空軍主導によるクレタ島攻略空挺作戦（メルクール作戦）が発動されて、同年五月二十日に開始された。降下部隊が細長いクレタ島の三ヵ所の飛行場に降下すると、陸軍は五月二十二日に第五山岳師団を投入して飛行場を占領した。

防衛する英・ニュージーランド軍四万二〇〇〇名とドイツ軍二万三〇〇〇名が激しく戦い、一万六五〇〇名の英軍は脱出したが、残りは戦死あるいは捕虜となった。だが、ドイツ降下部隊も四〇〇〇名中の七〇パーセントを失い、結果的に降下兵は一回の戦闘で半数が戦闘不能状態となった。この空挺部隊による積極的な作戦効果は連合軍にあらためて空挺部隊に対する強い関心を抱かせたが、ヒトラーをはじめとする肝心のドイツ軍は降下部隊の大きな損害に驚き、以降、大規模空挺作戦は影をひそめてしまった。

一九四三年以降、ドイツ空軍は降下部隊に優れた兵器を配備して戦闘力を高めて、降下猟兵師団という地上戦闘部隊の強化に乗り出した。一九四三年に三個降下猟兵師団、一九四四年に六個師団、一九四五年に二個師団が設立され、一部は志願制により降下訓練が行なわれたものの大部分は降下訓練もなく本来の空挺部隊とは縁遠かった。実際に制空権を失い充分な航空輸送態勢もなく、ドイツの空挺作戦は過去のものとなり、経験豊かな降下兵も少なかった。

一九四三年以降のドイツ空軍一〇〇万人中二五万人が降下猟兵師団に所属していた。主力の八個降下猟兵師団は重火器装備に欠けていたが自動車化されて機動戦力があり、一九四三年～四五年のイタリア防衛戦と一九四四年夏の連合軍のノルマンディ戦に続くフランス戦へ主に投入された。

空軍野戦部隊の中に陸軍の精鋭装甲師団と並ぶ「空軍降下猟兵装甲師団ヘルマン・ゲーリング」があった。この装甲師団の母体はゲーリングの護衛隊から始まる歩兵大隊、そして対空連隊へと発展し、一九四〇年に拡大再編成されて装甲擲弾兵連隊（自動車化）ヘルマン・ゲーリングとなった。まもなく旅団規模となり一九四二年に空軍降下猟兵装甲師団ヘルマン・ゲーリングと呼称されるゲーリングと空軍を代表する精鋭地上部隊となった。

この師団は一九四三年前半に北アフリカのチュニジア戦線でドイツ・イタリア軍壊滅時に兵力の大部分を喪失した。だが、この師団は迅速に再建されて一万九〇〇〇名を擁するドイツ軍随一の装甲師団（一般的に装甲擲弾兵師団は一個戦車大隊装備で、装甲師団は二個戦車大隊を有する一個戦車連隊装備）となった。これは空軍地上部隊の看板部隊として、ゲーリング自身がつねに充分な兵員補充と装備に注意を払い発展したからである。

多くのドイツ師団の平均兵力は一万名前後であり、戦況悪化により前線では半分の戦力で戦闘を続行していたが、空軍降下猟兵装甲師団ヘルマン・ゲーリングは優れた装備を有して陸軍の正規装甲師団同様によく組織化された。加えて強力な対空連隊があり、四三〇〇名の兵員と二五〇門もの対空砲を保有していたが、装備数は戦争末期までにさらに増加していた。大戦末期の一九四四年末には空軍降下猟兵装甲師団ヘルマン・ゲーリング1と2の二個師団となり、空軍装甲軍団ヘルマン・ゲーリングを編成するまでになり、ゲーリングの化身ともいえるこの師団に関与した空軍関係者は一〇万人以上だった。

	1939	1940	1941	1942	1943	1944
重対空砲	2600	3164	3888	4772	8520	10600
軽対空砲	6700	8290	8020	10700	17500	19360
合 計	10300	11454	12908	15473	26020	29960
サーチライト	2998	3450	3905	4650	5200	7500
空軍占有率	56%	61%	54%	64%	74%	70%

　ところで、空軍地上部隊の半分を占めたもう一種の戦力は対空砲部隊であるが、一九四三年初期には陸軍空軍合わせて七〇〇個重対空砲中隊と五六〇個軽・中対空砲中隊があった。空軍対空砲部隊は一九四四年末がピークとなり、隊員六〇万人と空軍補助員五二万人（女性隊員、フラック・ミリティア〈少年兵〉、傷痍軍人、ロシア人協力者など）が、連合軍の戦略爆撃機と長距離戦闘爆撃機の来襲からドイツ本土と占領地区を防衛すべく活動した。対空砲部隊による敵機撃墜数は一九三九年から一九四三年までに一万四〇八一機と報告されている。

　他方、連合軍がドイツへ向かって進撃を始めると、本来は後方地区にあった対空砲部隊が前線に立つことになった。すでに、そうした状況になると予想した空軍は対空砲を増強して兵員の地上砲撃訓練を行ない、結果として進撃する連合軍に打撃を与えるところとなった。主力の八八ミリ対空砲は照準具も良く精度が高く、迅速な砲撃が可能な優れた火砲であり、自動車化された対空砲部隊の集中砲火は地上戦において強力な破壊力を見せた。そうしたケースも多くありドイツ空軍野戦部隊はかなり合理的な運用がなされたが、結果的に陸軍の地上部隊戦力を分割してしまうこととなった。対空砲部隊は陸軍で運用されてこそ有効な戦力になり得たと、後年、ドイツの装甲戦を指揮した著名なハインツ・グデーリアン上級大将は述べている。

別表、ドイツ陸軍と空軍対空砲部隊の火砲装備率。重対空砲の多くが八八ミリ砲、軽対空砲は主に二〇ミリ、三七ミリ、五〇ミリ砲だった。

独自の野戦軍を保有したヒトラー政権ナンバー２のヘルマン・ゲーリング元帥

降下訓練もなかった空軍地上軍の兵士たち

本来の空軍空挺部隊で連合軍に
先駆けて大戦初期によく活動した

ゲーリングの野戦部隊には装甲師団まで配備されていた。イタリア戦線における空軍装甲師団ヘルマン・ゲーリングの兵士たち

第10話　連合軍護送船団

●各船が散らばるよりも密集した方が発見されにくい――

護送船団とは集団的防衛を目的に輸送船をグループ化したものであるが、すでに英国は一七～一八世紀の古典的海戦の時代にこの方式を用いていた記録が残されている。時が移り第一次大戦時、英国は大西洋航路で帝政ドイツ海軍のUボート（潜水艦）により独航船の七〇パーセントが失われるという巨大な損失を被って深刻な状況になった。そして一九一七年に世界中に情報網を張り巡らす海運保険会社の提案による、護送船団方式の採用により効果をあげて、英国は輸送船舶の損害が劇的に減じた経験を有していた。

一九三九年秋に第二次大戦が勃発すると、すぐに英海軍はこの護送船団方式を復活させ、戦争前に慎重に検討された計画にしたがい、緻密で網の目のような組織的航路が英国と海外領土を結んだ。世界的航路から見ると、ヨーロッパ沿岸大西洋船団、北アメリカ沿岸とカリブ海船団、地中海／北アフリカ沿岸船団、南アメリカ船団、ノルマンディ侵攻船団、インド洋船団、太平洋船団などに分類することができる。

そして、それぞれの方面航路に秘匿上のコード名としてアルファベットのAから始まる二文字〜三文字（例外的に地名表示などもあった）の組み合わせに続く船団番号が付けられ、加えて派生的な船団名もあった。

これら数千の船団のうちUボート戦の主戦場となった英国起点の大西洋沿岸船団の場合、たとえば英国からジブラルタル航路の一二番船団ならばOG12船団と表示される。同様に欧州沿岸船団と北大西洋船団の代表的な航路と記号を示せば次のとおりだった。

GUS　北アフリカ・米国航路
HG　地中海・ジブラルタル航路
HX　北米・英国航路
OB　英国・西方近接航路
OG　英国・地中海航路
ON　英国・カナダ航路
ONS　英国・カナダ航路（低速船団）

ＯＳ　英国・西アフリカ航路
ＰＱ　英国・北ロシア航路
ＱＰ　北ロシア・英国航路
ＳＣ　カナダ・英国航路
ＳＬ　西アフリカ・英国航路
ＵＴ　米国・英国航路

例外としてＷＳの記号のついた船団があり、これは英国首相ウィンストン・チャーチルが緊急に米国へ要請する資機材の特別調達便「ウィンストン・スペシャル」を示していた。

船団は各船の最高速度が異なるために高速船団と低速船団に分けられ、高速船団は約九ノットで低速船団は七・五ノットで航海したが、航海中の緊急事態に対応するために余裕速度を残すことも必要であった。ドイツのＵボートは潜航中の速力が五～七ノットであり、船団の方が速い速度設定だった。

一九四一年は「民主主義の造兵廠」と呼ばれた英米から北アフリカへの戦場輸送がもっとも重要であり、北大西洋を横断して英軍を支援するために船団は糧食、車両、兵器、兵員を輸送した。一九三九年九月十六日にカナダのハリファクスからＨＸ船団が出発したが、これが後に続く数百の護送船団の最初となり、一九四二年までハリファクスから四〜五日おきに船団が出発して北アフリカへ物資輸送に向かった。

高速船団の場合は大西洋を横断するのに、ハリファクス、ニューヨークなどの出発地により一〇〜一四日ほどかかり、低速船団は一三〜一九日を要した。典型的な北アフリカ船団は商船三〇〜六〇隻で構成されて、七列から一二列の縦陣で航海した。たとえば四五隻で九縦陣の場合、船団が占有する全体の海面面積は約九・六平方キロメートルである。ことに戦争初期には船員特有の個人主義や非協力者による航海遅延などが日常的であったが、それでも船舶が広く散逸するよりはましだった。

船団は相互にできるだけ集中することで安全性を高め、広い大洋の中で拡散する船舶より狭い海域に集中する方が発見するのが難しい。船団は重要であり、船団指揮官に任命された海軍士官（英国では退役提督も指揮した）は実際の階級に関わらずコモドーレ（海軍准将＝提督）と呼ばれて大きな権限を持っていた。

また、米国で編成された船団は通常は海軍予備役大佐か海軍予備役准将が指揮し、商船の高級船員（船長など）も掌握して指揮官船には提督旗が掲げられた。船団指揮官は護衛艦の指揮官とともに異なる性能の民間船舶を指揮して、船団の針路や速度変更を命じるなど戦術的機動に責任を有した。

当初の船団護衛陣形は厚みがなく三〜四隻の護衛艦のみで、大体一〇〇〇トン級のコルベット艦だったが、小型で低速、しかも武装は軽砲一門と対空砲一門のほかに対潜水艦攻撃用爆雷を搭載する程度だった。やがて、より大きく、より早く、より優れた武装のフリゲート艦とスループ艦、および本格的な駆逐艦が護衛するようになっていった。

これらの護衛艦はそれぞれ船団周囲の一定部分の護衛を割りあてられた。夜間や厚い霧の中、あるいは暗闇の中での航行は危険なために定められた位置を保持したが、視界の良い昼間は広い哨戒区間で積極的に哨戒航行を実施した。護衛艦はUボートの捜索にはソナー（水中探知機で英国はアスデックと称した）を用いて探知したが、戦争後半には水上捜索レーダーにより襲撃データを集めるUボートの潜望鏡でも探知できるようになった。

Uボートの存在が明らかになると（魚雷攻撃を受けてから行動する場合もある）、付近の護衛艦が捜索、追跡、攻撃を行なったが、この方法ではUボートの撃沈はそう多くはなかった。それでも護衛艦が爆雷を投下してUボートの接近を阻んでいる間に船団は危険海域を通過できた。大戦前半は護衛艦が不足してUボートの追跡はおおむね一時間程度であったが、Uボートが存在する危険海域を船団が航過するには充分な時間であった。

大戦後半になると連合軍の艦船建造が急速に進み、護衛艦も増加して船団周辺の遠方まで哨戒が可能となり、Uボートの所在探知後の追跡が自由になった。最終的に充分な数の護衛艦を配置することが可能となり、Uボート狩りも二隻の護衛艦が連携して効果的に実行されるようになり、大型駆逐艦からより小型の高性能艦にとって代わった。

護送船団は独航船より安全になったが、大きな損害を被ることもあった。ドイツのUボート艦隊は多数のUボートの散開哨戒線を設けて、船団を発見すると、その所在海域へすべてが集合して攻撃をかける「狼群攻撃」戦術を採用して対抗し、一〇個護送船団がこの戦術で襲われて五万トン以上の船舶が失われた。ときには二〜三個船団が合同航海を実施したが、護衛艦を集中できるという利点があった。

SC71船団（カナダ・英国航路）とHX79船団（北米・英国航路）が潜水艦による損害がもっとも多く、北ロシアのムルマンスクへ向かうPQ17船団（英国・北ロシア航路）はドイツの水上艦艇、航空機、Uボートによる損害は甚大だった。この船団の航行中の護衛は駆逐艦六隻だったが、ドイツの水上部隊（戦艦、装甲艦、重巡、護衛艦）の差し迫った脅威により、損害を少なくするために船団に四散命令が出されたが、三六隻の船団中二二隻を喪失して積荷の三分の二が海中に消えた。

一九四三年三月は大西洋のUボートに対抗する連合軍には、いくつかの好展開が見られ転機となった。船団に適切な数の護衛艦の増加、対潜水艦哨戒と攻撃のための護衛空母をグループ化して用いるハンター・キラー対策はUボートを船団に接近させない方策として効果的だった。また、無線を傍受して潜水艦の位置を割り出すハフダフのような新電子技術、あるいはドイツ海軍のエニグマ暗号（解読不能といわれたが英国はロンドン近郊ブレッチェリー・パークの極秘の暗号解読施設を設けてコンピューター技術を駆使して解読に成功した）の解読による秘密情報ウルトラの活用はUボート制圧に威力を発揮した。

このほかにヘッジフォッグ（針鼠）と呼ばれる接触型の小型爆雷は護衛艦上のM10投擲器から二四本が〇・二秒間隔で二本一組が投下されるが、有効範囲五〇メールでUボートの制圧に威力を発揮した。

潜水艦は目的の船団付近まで水上高速航走で接近すると、予想進路の前方で潜航して待ち伏せ攻撃をするが、米海軍はブリンプ（軟式飛行船）と呼ばれるユニークな小型飛行船を運用した。これは大戦中に二隻の潜水艦を沈めただけであるが、一機のブリンプがのべ約九万隻の商船を護衛することに成功したといわれている。

ブリンプは上空から船団周辺を監視する有効な方法であるが、二〇〇機が用いられてUボートの攻撃を阻止するのに有効性を発揮した。ブリンプは航空機ほどの速度は出せないが最高時速一二八キロで広範囲を充分に哨戒することができ、高速航空機よりも哨戒に適していて爆雷や爆弾も搭載していた。ただ飛行船なので機体そのものは脆弱だった。一九四三年七月十八日にブリンプK74がドイツのU134の対空砲により撃墜されて乗員一〇名を失った記録がある。このブリンプは戦後の一九八〇年になって米海軍が対潜水艦用に再導入を計画したが、米ソの冷戦終結により中止となっている。

こうした対策が効果を現わして、Uボートによる損害は急減して大西洋の海の戦いは連合軍の勝利に終わったが、船団は遠征軍の血液でありドイツ降伏まで護送船団体制が続けられた。ドイツ宣伝省はUボートによる攻撃で連合軍は三〇〇〇万トン以上の損害を受けて海上輸送は壊滅寸前と宣伝したが、数字の正確度はともかくとして、沈められた船舶数より建造力が勝っていたという事実がある。

第二次大戦中の大西洋に限っても二八八九船団の延べ八万五七七五隻が英国を出航して大西洋を横断したが、Uボートにより失われたのは六五四隻で喪失率は〇・七

年 度	船団名	船舶数	喪失船数	沈没トン数	Uボート	喪失数
1940年10月	SC71	79	32	154.6	12	0
1941年9月	SC42	18	18	73.2	19	2
1942年7月	PQ17	42	16	102.3	11	0
1942年11月	SC107	42	15	82.8	18	3
1942年12月	ONS154	45	19	74.5	19	1
1943年3月	SC121	119	16	79.9	37	2
	SC122	89	22	6	44	1

パーセントだった。また、英国沿岸航路は約八〇〇〇船団の航行で船舶数は延べ一七万五〇〇〇隻であるが、失われたのは二四八隻で〇・一四パーセントである。

護送船団は北アメリカからアフリカ、中東、カリブ海、南アフリカ、太平洋諸島へも送られたが、ほとんどが安全であった。太平洋における日本海軍の潜水艦は米太平洋艦隊の主要戦闘艦艇を攻撃するのが任務であり、ドイツ海軍のような通商破壊戦が目的ではなかったのである。

なお、Uボート戦の最盛期であった一九四〇年～四三年初期までに狼群攻撃を受けた七船団に限って調べてみると、船舶数四三二隻で喪失数は一六〇隻で三二パーセントとかなり高い損害率である。他方、ドイツUボートは狼群攻撃に一六〇隻が参加して九隻喪失は五・六パーセントであり、比較的少ない損害で戦果を挙げていた。しかし、大戦後半からは連合軍の船舶建造力が損害を上回り護送船団が壊滅することはなかった。

データ注、大西洋の船団対Uボート戦の例（一九四〇年～四三年）であるが、沈没トン数単位は一〇〇〇トンで喪失船数には護衛艦を含む、潜水艦数は船団攻撃参加数である。

大西洋を行く連合軍の護送船団

Uボートを制圧する英護衛艦スペンサー

威力を発揮した新兵器ヘッジホッグ小型爆雷と投射器

Uボート哨戒に効果的だった米海軍のブリンプ哨戒飛行船

第11話　Uボート戦の決算書

●電子技術と航空機、暗号解読まで駆使して封じ込める――

第二次大戦のドイツ海軍は強大な戦力を誇る英海軍にくらべて劣勢であり、英国の戦争遂行力と国民経済を支える資源を輸送する大西洋のシーレーンの破壊を戦略とした。そのUボート（ウンターゼーボート＝潜水艦）戦術は連合軍にとって大きな脅威となった。

ドイツ海軍は第一次大戦で効果をあげたUボート戦略（英側記録で五二八二隻、一九六万五〇〇〇トンを沈めた）を継承して、第二次大戦初期から事実上の無制限潜水艦戦により英国経済の窒息を意図して、レーダー海軍総司令官はカール・デーニッツ提督率いるUボート艦隊（B・d・U）をふたたび海軍の主要な方策の一つに据えた。確かに戦争前半は大きな戦果があがったが、連合国の電子技術の発展と対潜水艦戦対策が急速に進んでUボートの制圧に大きな効果があり、大戦後半には多大な損害を被り最終的にドイツ潜水艦戦は失敗に終わった。

その結果を簡単にまとめてみると、ドイツ側が連合国にあたえた損失は二九二七隻で一四九一万六〇〇〇トンだが、連合軍側の記録では二八二七隻で一四六七万六〇〇〇トンである。この両軍の記録上の隔たりはドイツ側では敷設機雷による損害が含まれ、英側は含まないなどの異なる条件からくるものと推察されている。戦時の記録は攻撃側に過大になり防衛側は過少になることが多いと指摘されるものの、Uボート戦に関する限り英独両国の記録はかなり接近していると思われる。

また、Uボートの総建造数は約一一七〇隻だが、うち七八二隻を喪失して敗戦時の自沈が二一五隻、降伏は一五四隻、連合軍の接収艦七五隻である。Uボート戦の頂点だった一九四二年三月までの損失率は低かったが、以降は急速に損害が増加していった。

次表は連合軍側のデータで喪失船舶数とドイツ側のUボートの攻撃隻数と損失数を示しているが、一九四二年をピークとして以降戦争後半は撃沈数の激減に比例してUボートの損害が急増していることが分かる。また、この数字には少ないがインド洋、太平洋、およびイタリア潜水艦による数字も包含され、船舶の沈没原因は雷撃と水上砲撃である。Uボートの損害原因は航空機、機雷、護衛艦によるものが七〇パーセントと分析している。

年度	連合軍艦船喪失数	Uボート延べ攻撃隻数	Uボート喪失数
一九三九年	二二二隻	一一四隻	九隻
一九四〇年	一〇五九隻	四七一隻	二二隻
一九四一年	一二九九隻	四三二隻	三五隻
一九四二年	一六六四隻	一一六〇隻	八五隻
一九四三年	五九七隻	三七七隻	二三七隻
一九四四年	二〇五隻	一三二隻	二四一隻
一九四五年	一〇五隻	五六隻	一五三隻
	五一二九隻	二七五二隻	七八二隻
	（連合軍側記録）	（ドイツ側記録二九二七隻）	（ドイツ側記録）

ドイツ海軍のUボートを大まかに展望すれば、派生型を別として三種の攻撃型潜水艦が生産された。沿岸タイプのⅡ型、大西洋で活動する航洋タイプのⅦ型、長距離型タイプのⅨ型である。また、実戦では活躍しなかったが、大容量の蓄電池を搭載するエレクトロ・ボート（電動艦）の小型版である23型、および大型版の21型があった。

主要な実戦型Uボート

型式	排水量水上／水中トン	派生型含む生産数
ⅡB型（沿岸型）	二七九／三二九	五二隻
ⅦC型（航洋型）	七六一／八六五	九一三隻
ⅨC／40型（航洋型）	一一二〇／一二三二	二〇四隻

哨戒作戦に出たUボートは一隻平均で三・四四隻撃沈（何十万トンという戦果をあげた一握りのエース艦長らの撃沈記録は別として、実態は大半のUボートは哨戒作戦で戦果を得ることができず、撃沈トン数も平均してみると一艦あたり一万八三四五トン）である。

加えて、イタリア潜水艦三〇隻も投入されて、一九四〇年にフランスのボルドーへ基地をおいてジブラルタル海峡を通過して大西洋へ二七隻が出撃してアフリカと紅海周辺で活動した。イタリア艦は一三五隻八四万二〇〇〇トンを沈めたので一隻平均なら四・五隻でトン数ならば二万八〇〇〇トンとなるが、背景条件はドイツ艦とはかなり異なってい

1945	合計
40	289
17	216
2	44
36	62
7	25
3	18
17	92
122	746

沈没原因	1939	1940	1941	1942	1943	1944
航空機	0	2	3	36	140	68
艦船	5	11	24	32	59	68
船／航空	0	2	2	7	13	18
爆弾	0	0	0	0	2	24
機雷	3	2	0	3	1	9
潜水艦	1	2	1	2	4	5
その他	0	4	5	6	17	43
合 計	9	23	35	86	236	235

た。イタリア潜水艦は大西洋で一〇隻が失われ、五隻は未帰還で原因は不明だった。そして潜水艦戦が厳しくなった一九四三年三月頃には大西洋からイタリアへもどされている。

結果的にドイツ海軍は七八二隻のUボートを失い、そのうち確認された七〇三隻中の五一四隻は英軍（オランダ、ポーランドなどを含む）に沈められ、一六五隻が米国、一隻がキューバ、七隻がソビエト、一六隻は英米共同撃沈とされた。

もっとも成功した連合軍のUボート・キラーは航空機と水上艦であるが、これにはいくつかの対潜水艦探知技術の発展があった。ハフダフ（HF／DF＝短波方位探知の略）はUボートの発する無線を複数の局で探知して短時間に所在位置を割り出し、付近の護衛艦や哨戒機を素早く派遣してUボートを攻撃した。Uボートは狼群攻撃（ヴォルフ・パック）作戦により多数艦をもって広い哨戒線を展開して船団を捜索したが、これには無線による連携が欠かせない手段であり、英側の通信傍受（ハフダフ・システム）によるUボートの所在探知方策は非常に有効だった。

こうした電子戦によりUボートも警戒レーダー数種を搭載したが、しだいに制圧された。当時の潜水艦は高速洋上航行で目的海域へ向かい、船団発見時に針路を推定して雷撃位置へ占位潜航して魚雷攻撃を行なうという本来の戦い方ができなくなったことを意味した。また、常時潜航を可能にする吸排気管を海上に出すシュノーケル装置（気圧の変化で乗員に苦痛をあたえた）をもって対策としたが、決定打とはならずに封じ込められてしまった。

データ注、Uボートの喪失数は連合軍側分析では七四六隻だが、ドイツ側は喪失数を七八二隻としている。航空機攻撃は潜水艦退避壕（ブンカー）への戦略爆撃は含まない。また、航空機原因の多くは陸上機で一三パーセントの四三隻は艦載機である。艦船はすべての水上艦艇を示す。船／航空は艦船と航空機との共同攻撃。爆弾は戦争後半の潜水艦ブンカーへの爆撃は含まず。機雷二五隻中の一六隻は特殊機雷による。その他とは、事故などで、たとえばU120はトイレの機能不全、U459は撃墜した敵機のデッキへの衝突、捕獲（U505など）、気象、放火など多種の原因である。

Uボートの制圧に有効だったのは、ドイツ軍が用いた解読不能といわれた複雑なエニグマ（謎）暗号の英国による解読があった。エニグマ暗号は複数のアルファベットを刻んだ三枚のローターの回転を電気的に制御して、最初のアルファベットをランダムに変換する暗号方式である。英国はロンドン近郊のブレッチェリー・パークに秘密の暗号解読所を設けてコンピューター理論とボムと呼ばれる解析機（今日のコンピューター計算機の元祖）による解読から得られた「ウルトラ情報」とハフダフ短波無線方位探知システム（現在は英国が主張するほど有効ではなかったといわれる）、そして広範囲な諜報戦で得られた情報から総合的に判断してUボートの所在を探知した。

また、短波レーダー・システムとソナー（水中探知装置）はドイツより技術面で優位であり、優れた航空支援システム、とくにＡＳＷ（対潜水艦戦術）のための護衛空母の導入と哨戒機、および多数の駆逐艦や護衛艦の投入がUボートの制圧に効果を発揮した。

なお、一九四四年夏以降、ドイツ海軍は多種の小型潜航艇で沿岸攻撃を試みていたが、特筆すべき戦果はあげられなかった。

荒れた北大西洋で哨戒中のU96（7C型）

沿岸タイプの小型の2型(U2)

中型航洋タイプの７Ｃ型（U552）

大型航洋タイプの９Ｂ型（U109）

通信傍受により航空攻撃を受けるUボート（7C型）

U123艦内通信室内だが、左下にエニグマ暗号機が見える

第12話　ヒトラーの外国人部隊

●人種偏見の主張と矛盾する台所事情――

ヒトラー時代のドイツでナチ党を守り総統ヒトラーを護衛した親衛隊（SS）はハインリッヒ・ヒムラーに率いられて勢力を拡大していった。そして実戦部隊である武装親衛隊（ヴァッフェンSS）を擁して、最終的に一九四四年秋には四〇個師団六〇万人というドイツ陸軍に対抗する第三の軍隊に成長していた。

なかでも、SS第一装甲師団アドルフ・ヒトラー、SS第二装甲師団ダスライヒ（帝国）、SS第三装甲師団トーテンコプフ（どくろ）、SS第五装甲師団ヴィーキング（海賊）、SS第九装甲師団ホーエンシュタウフェン（神聖ローマ帝国の王朝名）、SS第一〇装甲師団フルンズベルグ（中世ドイツの英雄）、そしてSS第一二ヒトラー・ユーゲントの七個装甲師団は武装親衛隊の中核として大戦後半にはヒトラーが信頼を寄せる精鋭戦力となった。

これらのSS師団は第一から第三八まで番号を付され、ドイツ人編成による部隊は

ＳＳ装甲師団とＳＳ装甲擲弾兵師団を含むＳＳ師団と呼称し、ドイツ系外国人による編成師団はＳＳ義勇師団である。また東ヨーロッパ諸国における外国人編成師団は武装ＳＳ師団と分称されていた。

一般的にＳＳ装甲師団は機械化（自動車化）師団で装備に優れ、二個戦車大隊による一個戦車連隊が中核であり、ＳＳ装甲擲弾兵師団も機械化部隊だが戦車大隊は一個だった。

しかし、二七個師団四〇万人以上（これ以外に旅団や大隊規模の外国人部隊も多数あった）のドイツ軍の戦力が外国人編成による義勇師団であったことはあまり知られていない事実である。国防軍に徴兵権を握られて兵員の募集に苦労する親衛隊は、ナチ党とゲッベルスの政治的宣伝によるアーリア人の優越性という急進的な人種上の偏見との整合性を棚に上げて、外国人義勇軍の名目で兵員の充足を図った。

もっとも大きな民族グループはスラブ系ウクライナ人の一〇万人で、次はアーリア系オランダ人の五万人だった。また、イスラム系ボスニア人、キリスト教クロアチア人で三個師団が編成されたが、他の外国人師団と同様に主に占領地のパルチザン（武装抵抗組織）の掃討戦に用いられた。

ベルリンの親衛隊中央本部はＳＳの頭脳にあたる組織で一二の本部を傘下に置いて

いた。そして親衛隊の戦闘部隊は武装親衛隊と呼ばれてSS作戦本部が管轄した。もともと武装親衛隊の兵員は原則志願制であり、作戦本部の計画に沿って中央本部第八部のゴッドローブ・ベルガー事務所が募集（強制的徴募もあった）して第一〇部が訓練を担当した。そして、ドイツの人的資源枯渇により当初はドイツの影響下にある占領地で「ゲルマン人の血」というスローガンの下で隊員募集が行なわれ、オランダ、フランダース、ノルウェー、デンマークからの若者で義勇軍を編成して、多くは占領地での保安任務などに用いられた。

主なSS義勇師団は以下のとおりだった。

SS義勇第七山岳師団プリンツ・オイゲン／ドイツ系セルビア人、ドイツ系ルーマニア人

SS義勇第一一装甲擲弾兵師団ノルトラント／ノルウェー人中心

SS義勇第一八装甲擲弾兵師団ホルスト・ヴェッセル／ドイツ系ハンガリー人で構成

SS義勇第一九擲弾兵師団レットラント／ラトビア人編成

SS義勇第二二騎兵師団マリア・テレサ山岳師団／ドイツ系ハンガリー人で編成

SS義勇第二三擲弾兵師団ネーデルラント／オランダ人

SS義勇第二七擲弾兵師団ランゲマルク／フランダース人
SS義勇第二八装甲擲弾兵師団ワロニエ／ベルギー人、フランス、スペイン人、ロシア人、デンマーク人
SS義勇第三一擲弾兵師団ベーメン・メーレン／ドイツ系チェコ人
SS義勇第三七騎兵師団リュッツオー／ハンガリーのナチ支援者
他方、占領地の保安任務についた武装SS師団も東欧州諸国の外国人編成師団だった。

SS義勇師団の外国人兵士
スラブ系ウクライナ人　一〇〇〇〇〇名
ラトビア人　八〇〇〇〇名
オランダ人　五〇〇〇〇名
ハンガリー人　二〇〇〇〇名
ベルギー人　一八〇〇〇名
イタリア人　一五〇〇〇名
アルバニア人　八〇〇〇名
フランス人　七〇〇〇名

ノルウェー人　六〇〇〇名
デンマーク人　六〇〇〇名
フィンランド人　三〇〇〇名
スイス人　一三〇〇名
スウエーデン人　二〇〇名

また、興味深いことにSSの外国人義勇軍計画が成功すると、戦争後半の一九四三年以降、ドイツ陸軍でも二〇パーセント前後の外国人徴募兵を受け入れて兵員不足をまかなったという事実がある。彼らの多くが対ロシア戦で捕虜となったロシア兵だったが、過酷な捕虜収容所かドイツ陸軍で前線のドイツ部隊を支援する任務につくかを選択させた。そして第二次大戦後、ドイツ軍の軍服を着用して協力したロシア兵は悲惨な運命を迎えることになるのである。

ベルリンで総統護衛隊アドルフ・ヒトラーを閲兵するヒトラー（中央）とヒムラーＳＳ長官（左）、のちに武装ＳＳ師団へ発展する

閲兵するＳＳ長官ヒムラー（中央手前）ともっとも多かったスラブ系ウクライナ人からなる第14ＳＳ擲弾兵師団ガリツェンの兵士たち

ＳＳ義勇第28装甲擲弾兵師団ワロニエの将兵の叙勲式で左から３人目は師団長のレオン・デグリエール

第13話　戦艦ビスマルクを発見した米国人パイロット

●参戦前からイギリス機に乗り組んで飛行教官――

第二次大戦中のドイツ戦艦はビスマルク（一九四〇年八月就役）とティルピッツ（一九四一年二月就役、同型艦）の二隻である。ビスマルクは満載排水量五万トンで四基八門の三八センチ砲を搭載した。日本海軍の「大和」型戦艦の出現までは世界最大の戦艦だった。このドイツ戦艦は英海軍との決戦艦ではなく、大西洋で通商破壊戦を行なう一万トン級装甲艦（ドイッチュラント、グラーフ・シュペーなど）を攻撃する英海軍の戦艦からの防衛を任務としていた。ビスマルクは世界最強の新鋭戦艦の一隻であり、英海軍は大きな脅威ととらえていて、いつ大西洋へ出撃するか、その動向をつねに注視していた。

一九四一年五月十八日、ドイツ海軍は二つの戦隊をもって南北から北大西洋へ入り連合軍船団を撃滅するラインユーブング（ライン演習作戦）を発動したが、フランスのブレストから出撃予定だった巡洋戦艦シャルンホルストとグナイゼナウは機関故障と損傷により出撃できなかった。五月十八日にビスマルクと重巡プリンツ・オイゲンの二艦がバルト海から北欧ベルゲンを経由して大西洋へ向かうために出撃した。

英海軍の必死の捜索と追跡により、五月二十四日早朝にデンマーク海峡付近でビスマルクと英巡洋戦艦フッド、戦艦プリンス・オブ・ウェールズとの間で砲撃戦となった。ビスマルクはフッドを爆沈させるが自らも三発の命中弾を受けて燃料漏れを起こし、フランスのブレスト港をめざして避退を始めた。

五月二十六日朝、ビスマルクは英沿岸航空隊のPBYカタリナ飛行艇に発見された。同日夕方にソードフィッシュ複葉雷撃機の放った魚雷がビスマルクに命中して操艦に支障を来し、翌日、追跡する戦艦キング・ジョージ五世と戦艦ロドネーの砲撃によって撃沈された。

一九四一年の段階ではまだ米国は参戦してはいなかったが、すでに少数の米人パイロットがカタリナ哨戒飛行艇を英国へ空輸し、非公式に英空軍パイロットに慣熟させるべく英人機長のもとで副操縦士として哨戒任務などについていた。そうしたパイロットの一人だったレオナード・B・タック・スミス少尉（当時二四歳）が第二次大戦中の海戦に参加した最初の米軍人となったことは知られざる記録である。

さて、デンマーク海峡の英・独戦艦の海戦の後で英空軍第二〇九飛行隊のカタリナ飛行艇（AH545、記号WQ‐Z）は、北アイルランドのキャッスル・アーチデール基地を離陸すると損傷した戦艦ビスマルクの捜索任務についていた。このときの機長は英空軍のデニス・ブリックス中尉で副操縦士がレオナード・タック・スミス少尉だった。

二十六日午前十時十分、スミス少尉が操縦していたカタリナ飛行艇が北フランスのブレスト港へ向かうビスマルクを発見した。その後、スミス少尉はビスマルクの対空砲火を避けるために搭載爆雷を投下して厚い雲の中へ避退したために接触を失った。

――スミス少尉の報告書要略。

PBY‐5、AH545カタリナ飛行艇より発信。

一九四一年五月二十六日午前三時二十五分、北アイルランド沿岸のラファーネを離陸。五〇〇ポンド（二二七キロ）爆弾を搭載。ASV（対潜水艦探知装置）なし。九時四十五分に目的海域で哨戒開始。二〇九と二四〇飛行隊もDE、EG、GF、FD海域で分割哨戒を行なう。AH545機はEG海域を担当。霧が発生する中、高度二五〇メートルで視界六・四キロ。

午前十時～十時十分、高度六〇〇メートル距離一三キロでビスマルクを発見するも視界不良で確認できず。カタリナの自動操縦装置から手動操縦に切りかえると左舷にビスマルクらしき艦影を見つつ急遽、搭載爆雷を投棄してゆっくり上昇して雲中へ潜り込んだ。英空軍の機長ブリックス中尉が報告書を作成して発信する。雲間から下方を見るとビスマルクから激しい対空砲火が撃ち上げられている。砲弾の爆発で機体が激しくゆすぶられて砲弾片が機体を叩いた。調べると直径二・五センチから五センチの破孔が機体にいくつか開いたが飛行に異常はない。

われわれの報告通信を傍受した二四〇飛行隊のカタリナ機が飛来中であるが、当機はビスマルクとのコンタクトが航法エラーで途絶した。当機は二四〇飛行隊機の報告電文を傍受し合流して、ふたたびビスマルクへのコンタクト（接触）が回復し四五分間飛行する。午後三時三十分に接触を中止して午後九時三十分に基地へ帰投――。

本機が爆雷ではなく魚雷搭載機ならば雷撃は可能だったかもしれない。また、報告書によると、ＡＨ545が雲中から出る前から激しい対空砲火にさらされたということはビスマルクが対空捜索装置を装備していたことを明確に示している。（注、ビスマルクは後方戦闘指揮所に測距儀とともに四角いフレーム型アンテナを持つＦｕＭＯ21レーダーを装備していた）

この日の夕方、第二一〇と第二四〇飛行隊のカタリナ機に搭乗する二名の米人パイロットもビスマルクを視認したが、前者はジョンソン中尉で後者はラインハート少尉だった。英空軍のデニス・ブリックス中尉と米人のスミス少尉のコンビによる最初のビスマルク発見と正確な位置報告をもとに、英雷撃機の攻撃と英戦艦群の砲撃によりビスマルクはついに波間に没した。

スミス少尉はその功績により空軍殊勲十字章を授与された後にハワイで飛行訓練教官となったが、一九四一年十二月七日（日本時間八日）の日本軍の真珠湾攻撃時はハワイからミッドウェーへの飛行訓練を行なっていた。続く対日戦では大尉として太平洋の戦いに参加、大戦後は朝鮮戦争を経て海軍第八輸送航空隊指揮官、そして一九六二年に退役して民間の不動産業者となった。この歴史的な戦艦ビスマルクの最初の発見者が米人パイロットだったという事実が一般に明らかになったのは、戦後もかなりしてからのことであった。

1941年５月、大西洋へ出撃するドイツ戦艦ビスマルク、手前は重巡プリンツ・オイゲン

米人パイロット、スミス少尉の乗機第209飛行隊のカタリナ飛行艇

第14話　欧州戦と武装レジスタンス

●ドイツ占領下に見られたさまざまな抵抗と政治の思惑――

ユーゴスラビア

第二次大戦時のドイツによる欧州諸国占領部隊に対する組織的な抵抗（レジスタンス）は、人々が認識しているよりもずっと広範囲に行なわれたものだった。なかでも東欧のユーゴスラビアでヨシップ・ブロズ・チトー（のちのチトー元帥、大統領）が率いる武装パルチザン（武装ゲリラ）はよく知られている。四年間も対独抵抗戦闘を続け、ドイツの掃討部隊との決定的対決を避けつつ身軽な軽武装で山岳地を利用したが、実際、重兵器（大戦末期に捕獲戦車を用いた）はほとんど使用しなかった。武装レジスタンス戦では目立つ戦車を獲得して使用するのは簡単ではなかったし、稼働状態に保つには整備や部品供給など専門的かつ組織的な支援を必要としたからである。

このユーゴスラビアのパルチザンはもっとも強力な武装抵抗組織であった。最初の二年間はイタリア占領軍を抵抗運動の対象としたが、イタリア占領軍は武装パルチザンとの戦闘には熱心にならず相手を生存させておくというかなり穏やかな政策をとった。このために武装パルチザン組織に活動の余裕をあたえるところとなり、イタリア軍から奪った豆戦車（タンケット）を保有した時期もあった。

イタリア軍に続くドイツ軍は占領下の国々に外国人で編成された武装SS義勇師団（12ヒトラーの外国人部隊参照）を占領軍とし、武装は一九四〇年春のフランス電撃戦で捕獲したフランス戦車を装備してパルチザン部隊の掃討戦を行なった。

この武装パルチザンは一九四四年までにユーゴスラビアで全国的に組織化され、数個大隊が編成されてソビエト軍が進撃してくるまでに延べ五〇両以上の捕獲戦車を保有した。一九四四年末期には英国はパルチザンへ武装強化支援を実施し、英国製の軽戦車五〇両と二四両の装甲車を供給している。

一九四三年九月にイタリアが連合国に降伏するとドイツ軍はすぐにイタリアを占領して、一九四四年中はイタリア半島を南から北へと撤退しながら抵抗戦闘を続行した。そして、今度は連合軍側に立ったイタリアにおいてユーゴスラビアの戦車乗員が訓練を受けると、一九四四年十一月から故国へもどされて対独戦闘が行なわれた。一九四五年五月にドイツが降伏すると代わってソビエト軍が入り、六五両のT34戦車を供与して正式なユーゴスラビア戦車旅団が編成されたのだった。

アルバニア

アルバニアは一九三九年にイタリアに侵略占領されたが、一九四一年六月にソビエトがドイツに侵略されるまで組織化されたレジスタンス運動は行なわれなかった。その後、アルバニアでもっともよく組織化されていた共産党が多様なレジスタンス運動の中核となった。その指導者はエンヴェル・ホッジャで、のちにアルバニアの独裁者となる人物である。

イタリアが一九四三年秋に降伏すると、抵抗運動のホッジャ組織はイタリア軍の武器と装備品を獲得している。そして一九四四年にドイツが東部のロシア戦線と西部のノルマンディ上陸戦という二正面戦線により戦況が悪化すると、ホッジャはドイツ軍占領部隊を盛んに攻撃するようになった。結局、一九四五年にドイツ勢力は撤退してホッジャはアルバニアの実力者となった。連合国はこの組織には多くの支援をしなかったが、「レジスタンス組織のホッジャ」として欧州ではよく知られる存在であった。

その後、ホッジャは抵抗運動組織から非共産党員を排除して共産党式の警察国家を設立して君臨し、一九八五年四月に亡くなった。

ベルギー

ベルギーではナチ主義とその支持者たちの多くが武装親衛隊（親衛隊の戦闘部隊）に加わったが、一方で、さまざまなレジスタンス運動も積極的に行なわれた。ドイツ占領軍は親衛隊（SS）と国防軍情報部（アプヴェァ）がレジスタンス組織を追いつめ、一万七〇〇〇名以上の人々がスパイ、サボタージュなどの嫌疑で処刑された。また、レジスタンス運動はナチ・ドイツの手からユダヤ人を救う運動にも従事している。

ブルガリア

東欧のブルガリアでは大戦中は親独政府が実権を握っていて親ロシア派の人々は対ロシア戦を認めず、様々な手段で一九四四年まで外交関係を維持しようと試みた。ブルガリアの共産党員は武装レジスタンスを組織して対独抵抗運動を行なっていたが、大戦末期に急進撃をするソビエト軍がブルガリアへ接近すると一層活動が活発になった。ソビエト軍がブルガリアへ入ると、共産党員が指導するレジスタンス組織は表舞台へ出てきてソビエト軍と合流して、すぐに親独勢力と非共産党員は追放された。そして親ソ政権は一九八九年まで存続した。

チェコ・スロバキア

第二次大戦直前にチェコ・スロバキアはドイツに併合されたが、レジスタンス組織による密かな抵抗運動を行なった。その代表的なものは一九四二年にチェコ総督となっていたSS（親衛隊）少将ラインハルト・ハイドリッヒの暗殺である。

しかし、このレジスタンス事件を契機として大規模かつ残虐なドイツの報復作戦を招き、三五万人以上のチェコ人が強制収容所へ送られ、二五万人以上が犠牲になるなど多くの人々が命を失った。他方、大戦後半期にレジスタンス運動から身を引いた一部の人々がドイツと同盟国のための情報組織として機能したこともあった。一九四五年春のドイツ敗戦直前にソビエト軍が迫り、チェコのレジスタンスたちによる対独蜂起では数千名がドイツ鎮圧軍により殺害された。

デンマーク

一九四一年四月のドイツによる北欧侵攻戦でデンマークはたった一日で占領された。デンマーク政府はすべてドイツの管理下に置かれたが、解体されずに比較的おだやかな占領体制だった。しかし、デンマーク経済はナチ政権の戦争に利用されたために国民はひどい物資の欠乏に見舞われた結果、反独レジスタンス運動へと鉾先が向かい、対独サボタージュや連合国のための情報活動が活発になった。

一九四二年にドイツはデンマーク内のユダヤ人狩りを行なったが、抵抗運動組織は多数のユダヤ人をスウェーデンへ逃すことに成功した。抵抗運動はしだいに過激となり強力な武装蜂起が計画されたが、実行以前にドイツの降伏により戦争が終結した。

ユダヤ人の抵抗

ドイツによる欧州のユダヤ人絶滅計画への抵抗運動も展開された。ユダヤ人逃亡者たちはヨーロッパ中の森林地域に逃げ込んで、地域のパルチザン組織と結んでドイツ軍と外国人（SS）義勇軍の占領部隊を攻撃した。またユダヤ人居住区ゲットーでは自己防衛のために武装が実施された。ワルシャワのゲットーでの英雄的な蜂起は親衛隊（SS）の野蛮な鎮圧で抑え込まれた。

そして抵抗運動は悪名高い強制収容所内においても組織された。ゲットー居住者の絶滅を意図したラインハルト作戦によるワルシャワ北東のトレブリンカ、ルブリン県のベウジェツ、ソビボルに三大絶滅収容所が置かれていた。いくつか判明している抵抗事例のひとつとして、一九四三年十月、ソビボル強制収容所でユダヤ系ポーランド人のレオン・フェルトヘンドラーとユダヤ系のソビエト軍将校アレキサンドル・ペチェルスキーの主導で六〇〇名という集団脱走が行なわれたが、成功したのは五〇〜六〇名だったとされる。

フランス

一九四〇年六月にフランスはドイツに降伏したが、当初からレジスタンス運動は活発だった。降伏から一九四二年末までフランス南部は占領されず、ドイツ傀儡のヴィシー政権が本国の半分と植民地を統治していたが、共産党員もナチ・ドイツ当局とヴィシー政権に協力した。一九四一年六月にドイツがロシアへ侵攻すると共産党は反ドイツ抵抗組織として動き、ほかにいくつかの異なるレジスタンス組織も活動した。

当初、これらのレジスタンス組織は連携がなかったが、英米の武器と対独戦術支援が強化されて、効率を上げるために命令系統が統一されていった。とくに英国の特殊作戦実行部（SOE）はチャーチル首相の「ヨーロッパへ火をつけよ！」という激しい指令により、多数のレジスタンス組織の統合を行ない破壊工作と情報戦が強化された。フランス抵抗運動グループを共同戦線にまとめたのは、よく知られるレジスタンス指導者の一人だったジャン・ムーラン（逮捕されたのち死亡）である。

英国で亡命フランス政府を率いるシャルル・ド・ゴール将軍はレジスタンス組織を中産階級形態と呼びながら、一方で勢力圏維持のためにBBCラジオ放送を通じてレジスタンス運動に指令を出していた。英国の直接的支援は強力でレジスタンス員を英国へ送って訓練を行なったりしたが、ドイツ側も国防軍情報部と親衛隊防諜部が対レジスタンス対策を強力に推進した。

それでもしだいに西欧州の武装レジスタンス行動は強化され、一九四四年六月の連合軍のノルマンディ上陸作戦に活動の焦点があてられた。謀略、妨害、諜報、暗殺など以外に、フランス国内のV1無人飛行爆弾とV2ロケットの発射基地情報の早期獲得による爆撃破壊が対独戦の勝利に大きく貢献した。

ドイツ

ヒトラーとナチ党が政権を奪取した一九三三年以降に反ナチ抵抗運動が始まった。もっともよく知られるのは一九四四年七月二十日に、ポーランドの総統本営ヴォルフスシャンツェ（狼の巣）における作戦会議時に起こったシュタウフェンベルグ大佐が持ち込んだ爆弾によるヒトラー暗殺未遂事件である。ヒトラーは奇跡的に死をまぬかれたが、容疑者数千人を逮捕して処刑した。

少し時が遡るが、大戦直前の一九三九年に国防軍の高官たちが反ナチ動向に賛同して、一部は英国へも働きかけたが不調に終わっていた。ドイツ陸軍は戦争中も密かな反ナチ運動の源となり裾野がひろがっていたが、大規模組織には発展しなかった。ハインリッヒ・ヒムラーの率いる親衛隊（ＳＳ）の能率的な秘密警察ゲシュタポにより草の根抵抗運動のメンバー（たとえば赤いバラ組織のゾフィ事件）らは逮捕されて強制収容所へ送られた。

ギリシャ

一九四一年四月のドイツ軍によるギリシャ占領以降に抵抗運動の起源を見ることができるが、不幸にも占領ドイツ側につくか、連合国側につくかを相争う状況となり、連合国によるレジスタンス・グループの統合努力は徒労に終わった。一方、ドイツ側はレジスタンス・グループを共産主義と非共産グループを対抗させる方策をとった。一九四四年に東部戦線でのソビエト軍の反撃によりドイツ軍が撤退すると、ギリシャへ再上陸した英軍と戦闘を交えるか、あるいはパルチザン同士が戦った。

ハンガリー

第二次大戦が勃発したとき、ハンガリーはファシスト擁護政権ですぐにドイツ陣営に参加し、反対する共産党員は秘密警察により弾圧された。ハンガリーはドイツとともにロシア戦線へ軍を派遣したが、一九四二年末から翌年一月のスターリングラード戦で撃破されてしまい、ドイツのために戦うという熱狂は失われた。

これに乗じて共産主義者たちによるストライキやデモが起こり、一九四四年三月にドイツによる占領に至った。この時点で武装パルチザンは活動的になり、ハンガリー陸軍の一部はソビエト軍に合流し一九四四年末にハンガリーに進撃してくるまで混乱状態にあったが、ソビエトの影響下で共産党政権が生まれると非共産党者は追放された。

イタリア

一九四〇年にムソリーニ・ファシスト政権（イタリア王国だった）への密かな政治的抵抗が起こったが、これはイタリアがドイツとの条約により第二次大戦へ引きずり込まれたことを人々が悟ったからである。もっともムソリーニ・ファシスト体制はドイツの国家警察体制と異なり、反対派に対しては穏当だった。ある意味でイタリア・ファシストはナチ・ドイツほど徹底的ではなかったということである。

イタリアは対ソ戦、北アフリカ戦でドイツとともに戦ったが、一九四三年七月に国王派のクーデターによりベニト・ムソリーニは政権を追われた。ドイツはすぐにイタリアを占領したが、この時点で反ファシスト・パルチザンによる対独抵抗が始まり、二年間にわたる激しい武装抵抗が行なわれる。一方でドイツを支援するファシスト派の武装組織がドイツ軍を支援した。

権力を失ったムソリーニはアペニン山脈のグランサッソの山荘に幽閉されたが、ドイツ親衛隊のスコルツェニーＳＳ少佐が指揮する空挺隊員による特殊作戦で救出された。その後、ドイツの傀儡政権であるイタリア社会共和国元首となってイタリアは内戦状態となり、一九四五年四月二十七日に北イタリアのコモ湖付近のドンゴでムソリーニ一行の車列が共産党支持のパルチザン（北イタリア解放戦線ＣＬＮＡＩ）に捕らえられ、翌二十八日にムソリーニは銃殺処刑された。余談になるが、ムソリーニの孫娘ラケーレ・ムソリーニが二〇一六年にイタリアの極右政党から出馬してローマ市議となり、二期目には最多得票を獲得したという興味ある後日談がある。

オランダ

オランダは一九四〇年春の五日間の電撃戦でドイツに占領された。当初、国民の多くがドイツに共鳴していたために占領一年目は大きな抵抗運動は起こらず、むしろ武装親衛隊（SS）の徴募により外国人義勇部隊（たとえば精鋭だったSS第五装甲師団ヴィーキング〈海賊〉のノルトラント連隊、ヴェストラント連隊はオランダ人部隊だった）が編成されている。

やがてユダヤ人狩りやナチ政策の強要などで反感が増すとともに、連合国の強力な働きかけによりレジスタンス運動も大きくなった。しかし、ドイツ戦闘部隊が駐留し、加えて親衛隊防諜部と国防軍情報部のオランダ国内での活動で武装抵抗は主流にはならなかった。

他方、ロンドンにはオランダの亡命政権があり、英国の秘密作戦を指導するSOE（特殊作戦実行部）との共同で情報活動が常時行なわれた。ユリアナ王女の夫であるベルンハルトはドイツ生まれだったが、英国で連合軍側の諜報活動を行なっている。

また、言語上のオランダ語とドイツ語の類似性がオランダ国内でのドイツ諜報組織の活動を容易にし、そのためレジスタンス・メンバーは追いつめられて多くが逮捕された。だが、オランダのドイツ占領下の諸組織は英国側の秘密指令により各所に潜む抵抗運動家たちによりドイツ側の情報がロンドンへ報告された。

ノルウェー

一九四〇年春にドイツは北欧侵攻戦でノルウェーを占領したが、すぐに英国の支援によってレジスタンス運動が組織化されたが、武装抵抗は積極的には実施されなかった。これはドイツ占領軍による住民への激しい報復が行なわれたからである。ノルウェーのレジスタンスの特徴は国内での諜報活動で得られた情報、あるいは要求された情報の提供で英国の特殊作戦（コマンドー）を側面から支援した点にあった。

英国は一九四四年の欧州大陸の反攻地点がノルウェーであるとするボディガード作戦（38ボディガード作戦参照）による欺瞞情報を流し、これを信じたヒトラーはドイツ軍一七個師団をノルウェーに貼り付けることになった。また一九四三年に英国はノルウェー・レジスタンスの支援を受けてドイツの核研究を阻止するための特殊作戦（ガンナーサイド作戦）を行ない、ノルウェーの山地リューカンにあるノルスク・ハイドロ重水（原子爆弾開発に利用される）生産工場を破壊したのは大きな成果であった。

ポーランド

ポーランドは一九三九年にドイツとソビエトによる侵略で分割された後にレジスタ

ンス運動が始まった。当初は英国のみが支援したが、ドイツに協力したポーランドの共産主義者たちは一九四一年六月のドイツによるロシア侵攻戦後に対独レジスタンス活動に入った。そして、ドイツは抵抗運動に対して激しい弾圧を行なって、数百万人が犠牲になったとされる。

ポーランドのレジスタンスは当初は本国軍と呼ばれていた。それはロンドンにあるポーランド亡命政権の指令で活動するレジスタンス組織だったからである。またソビエトに支援されるレジスタンス組織もあり、この二つのレジスタンス組織は矛盾していた。いくつかの例を除けば互いに戦うことはなかったが、英亡命政権側のレジスタンスはソビエトの支援は少なく、ソビエト支援レジスタンスは英亡命政権側の作戦を拒否した。一九四五年春にドイツ軍が撤退すると英亡命政権側のレジスタンスはソビエト軍と戦い始めたが、ソビエト系ポーランド政権側に敗北して共産党政権が樹立された。

ソビエト

ソビエト武装パルチザンは各国レジスタンの中でも最も強力な武装勢力を有して、ウクライナ、ベラルーシ、スモレンスク、レニングラードなどあらゆるロシア戦線で非正規軍としてドイツ軍を攻撃した。鉄道延べ二一万五〇〇〇ヵ所の破壊、貨物輸送と列車一五〇〇両以上を破壊したが、これはドイツ軍輸送量のじつに四五パーセントにのぼると評されている。

一九四一年夏のドイツ軍の侵攻直後の占領地において武装パルチザンが各所に出没するようになったが、彼らの多くは民間共産党員たちであり、逮捕されれば即刻処刑の危険があった。ドイツの迅速な侵攻戦で散逸したソビエト軍将兵（初期の一年半で約一〇万名以上とされる）が森林や沼沢地域へ逃れてパルチザンへ合流したが、一九四一年から翌年初期まではばらばらな活動で組織も不十分だった。

しかし、一九四二年末からはソビエト政府の統一指揮下に置かれるようになり、一九四三年〜四四年にかけて兵器の供給を受けて必要な情報が得られるようになった武装パルチザンは、ドイツ軍の兵站線（鉄道輸送や自動車輸送）を効果的に攻撃して占領地を管轄する駐留部隊を悩ませた。一九四三年のソビエト軍の反撃とともに武装パルチザンの活動も活発化して、一九四四年末までドイツ軍が維持する後方戦線のさまざまな部門にとっては解決されない難題であった。

武装パルチザンの特異な活動のひとつに白ロシア（ベラルーシ）に君臨したリヒャルト・ヴィルヘルム・クーベの暗殺があった。クーベはドイツから派遣された親衛隊員（SS中将）で肩書は東部占領地区白ロシア行政官だった。全権を掌握したクーベは八〇〇万人民の上に立つ独裁者となり、二〇〇以上のユダヤ人ゲットーと二六〇以上の集団虐殺収容所を開設してユダヤ人と共産党員の抹殺を行なった。

このクーベ暗殺は武装レジスタンスの目標となり、いくつか実行されたが失敗に終わっていた。一九四三年九月二十二日、メードとして働いていたイェリーナ・マザニクという女性が武装レジスタンスの指令によりミンスクに居を構えていたクーベのベッド下に爆薬を仕掛けて殺害に成功した。このマザニクはのちにモスクワから英雄の称号を得ている。

1944年、ヨシップ・ブロズ・チトー（右端、のちのチトー元帥）と武装パルチザンたち

ワルシャワのゲットー武装蜂起を鎮圧したドイツ軍

フランスの大小のレジスタンス組織を統合したジャン・ムーラン

ヒトラー爆殺を試みたフォン・シュタウフェンベルグ大佐

イタリア・パルチザンに惨殺されたムソリーニ(吊るされた人々の左から2人目)

ノルウェーのリューカンにあるノルスク・ハイドロ重水生産工場

上：1944年８月のワルシャワ蜂起でドイツ軍の装甲兵員車を捕獲した武装レジスタンス
中：ドイツ軍の輸送網の鉄道へ爆薬を仕掛けるソビエト武装パルチザン
左：武装パルチザンに暗殺された白ロシア（ベラルーシ）行政官のリヒャルト・ヴィルヘルム・クーベ親衛隊中将

第15話　不正規戦

●深夜に舞い降りる味方輸送機は希望そのもの——

戦争は対立する両陣営が戦場で激突して勝敗と優劣が明確になる戦いばかりではない。戦場が表ならば裏の戦争は秘密戦、諜報戦、心理戦、宣伝戦、あるいはレジスタンス戦など多種の見えない戦争、つまり不正規戦なのである。

第二次大戦中の連合軍の対独不正規戦を最初から主導したのは英国で、独創性に富んだSOE（特殊作戦実行部）とコマンドー（奇襲部隊）があったが、後者は正規軍の一部で特別な訓練を積んだ特殊作戦部隊だった。当初、英国侵攻をねらうドイツ軍に対するゲリラ戦目的の組織だったが、後に「襲撃」あるいは「奇襲」といった特殊軍事作戦を実行した。

コマンドーは一九四〇年六月、当初、英陸軍参謀長の副官だったダッドリー・クラーク中佐のゲリラ戦構想から発展して、最初の特殊作戦が一九四一年二月のノルウェー・ロフォーテン諸島への奇襲だった。その後、同様な目的で米陸軍のレンジャー部隊（あるいは英米共同の悪魔旅団）が続くのである。

また、ドイツではカナリス提督が率いた国防軍情報部（アプヴェァー）に所属するブランデンブルグ連隊という特殊部隊があった。第二次大戦初期に、この分野では英国より先に活動したが、しだいに不活発となり大戦後半には通常歩兵部隊となってしまったのは不可解であったが、これは別のストーリーである。

もうひとつ、ドイツが初期電撃戦で勝利した後の占領国内で行なわれた連合軍の対独情報活動、謀略、破壊工作などのユニークな不正規戦の最初の組織は英特殊作戦実行部（ＳＯＥ）だった。そして米国には似た組織で戦略情報局（ＯＳＳ。第二次大戦後に中央情報局つまりＣＩＡとなった）があった。この両秘密組織は対独、対日戦の裏側で広範囲に活動したが、大戦後七八年（英国は一〇〇年間非公開）が経過しても当時の極秘作戦の全容は秘密のカバーに覆われているが、漏れ出た興味あるいくつかの秘密作戦が今日語られている。

英国のＳＯＥは一九四〇年七月に経済戦大臣のヒュー・ダルトン卿の下で対独不正規戦、情報、謀略、レジスタンス支援などを目的に設立された特殊作戦の専門家たちによる秘密組織だった。

米国のＯＳＳは二年後の一九四二年一月に大統領直轄の情報調整事務局（ＣＯＩ）

から始まりウィリアム・ドノヴァン大佐（のち少将）が指導者だった。活動の一例として、日本軍と戦う中国戦線での蔣介石軍を支援する特殊作戦や太平洋の島嶼戦での潜入情報収集活動などがあるが、一九四三年のポルトガル・リスボンの日本大使館からの暗号書の盗み出しは連合国側にとって価値ある収穫となった。

しかし、なんといっても英国のＳＯＥの活動はずば抜けていた。ＳＯＥの秘密戦用の技術は無数にあるが、なかでも軽量で安価、そして信頼性の高い無線機が開発されてレジスタンス組織（14欧州戦と武装レジスタンス参照）との連携で重要な役割を果たした。

ここではこれらの秘密組織が複葉機など幾種かの航空機で敵地に情報員を潜入させたり、武器、弾薬、通信機、医薬品、資金などレジスタンス組織に欠かせない補給品を夜間にパラシュート投下などで密かに運んだ航空輸送に眼を向けてみたい。

長距離爆撃機は搭載量が大きいためにパラシュート投下任務にひろく利用され、米国のB17や英国のハリファックス爆撃機は数トンの積荷を欧州中のどこへでも運んでいった。夜間に敵地深く密かに飛行してレジスタンス組織が準備した秘密飛行場へ着陸し、兵器や機材のほかに英国で訓練されたレジスタンス要員を降ろし、こんどは英国へ運ぶ情報員を乗せてもどったが、実行には慎重な計画と準備が必要な秘密作戦だった。

これに対してドイツは親衛隊(SS)保安本部の保安諜報局(SD)の秘密警察ゲシュタポと国防軍情報部が厳重な防諜任務にあたり、ドイツ占領下の西欧州への潜入はSOEにとって危険がつねにともなった。このようなレジスタンスとの共同作戦は、ポーランド、チェコ、ベルギー、オランダ、ノルウェーといった国々との間でも行なわれたが、一九四〇年後半から一九四四年夏までのドイツ占領下のフランスが主な舞台であった。

戦争が五年目となった一九四四年春に連合軍のノルマンディ上陸戦が迫り、ドイツ軍の配備や動向を知るためにフランスでのレジスタンス活動が重要となった。特殊作戦に長けた英国がしばしば用いたのが陸軍の二座連絡機のウェストランド・ライサンダー機である。単発大型の高翼単葉機で六四〇キロから九六〇キロの航続距離があり、本来は標的牽引、グライダー牽引、砲撃観測などに用いられた機体だった。最大時速三三〇キロと低速機だが、離着陸距離が三五〇～四〇〇メートルという野原や小飛行場で利用できたのは大きな利点だった。航続力の問題でポーランドのようなレジスタンス活動国への遠距離飛行はできなかった。

ポーランドでは積極的な反独レジスタンスが行なわれ、ドイツの兵器工業の一端を担う工場も多く、部品、設計図、重要書類などの入手が可能だった。そこで、この任務に用いるために「脅威の木製機」と謳われた双発のデハビランド・モスキート高速戦闘爆撃機を改造してムーン・プレーンと称した機体が作られた。最大時速六八〇キロで最大航続力は五六〇〇キロという素晴らしい長距離機だが重量が一〇トンに達した。極秘任務には目立ち過ぎたが、一九四三年秋にスウェーデンの物理学者ニールス・ヘンリク・ダヴィド・ボーア博士（24ボーア博士の脱出参照）の脱出作戦に使用された。

他の諸国も秘密戦では航空機が使われた。たとえばロシア戦線のソビエト空軍は機敏な複葉機のＵ‐２（のちポリカルポフＰｏ‐２。夜間にドイツ軍戦線を爆撃して兵士を眠らせない「嫌がらせ作戦」〈21魔女飛行連隊参照〉を行なった）を運用したが、これはパイロット以外に二〜三人の追加乗員と二五〇キロの貨物輸送が可能だったからである。ソビエトの武装パルチザン（武装ゲリラ）はロシア戦線に広範囲に点在していて、補給や支援には三〇〇〜四〇〇キロの飛行距離でまかなえるために本機で充分だった。

連合軍が一九四三年秋にイタリア本土へ上陸したとき、米国のダグラスＤＣ３輸送機と双発のロッキード・ハドソン輸送機がポーランドへの特殊作戦で使用された。

ＤＣ３輸送機（英軍ではＣ47ダコタと称した）はまさに第二次大戦の「軍馬」であり、一九九〇年代になっても、まだ世界で一〇〇〇機以上が使用されたという傑作機であった。英国のライサンダー機とほぼ同じ速力だったが航続距離が長く、ポーランドへの秘密作戦によく用いられた。ロッキード・ハドソン機の速力は時速四〇〇キロとＤＣ３より優速だったが扱い難かった。両機ともに機体は重くＤＣ３は一三トン、ハドソンは九トンで離陸には滑走路九〇〇メートル以上が必要であり、どこでも離着陸可能というわけではなく、かなり制限された。しかし、これらの機体は負傷したレジスタンス要員の後送や次の作戦に必要な人員を運び、多くの知識人などを敵地から運び出す能力があり、大型機の使用は希望と士気を高める重要な意味を持っていた。

これらの連合軍の特殊作戦用機は多くはなく、大戦全体で数百機が運用されただけである。特殊作戦の実行は慎重に準備されて、敵の迎撃機や対空砲火を避けるためにもっぱら夜間に実施された。戦争後半になると夜間飛行はレーダーの発達ですぐに探知されるようになり、レーダー波を避けるために低空飛行となって敵地への往復飛行は難度がさらに高くなった。加えて、臨時に設けられた飛行場を夜間に発見して着陸することは近代的な航法援助施設のない条件下では非常に難しかった。

夜間操縦には熟練パイロットが必要であり、しかも、レーダーなどの航法支援装備のない機で、秘匿された飛行場を上空から発見することは至難の技であったが、レジスタンス側は危険を承知で飛来機の到着すべき正確な時刻に滑走路の周囲に短時間焚火で位置を示したりして支援した。このような中では事故もしばしば起こり、また二重スパイからの情報で計画を知ったドイツ防諜部隊に待ち伏せされることもあり、この任務につくパイロットが命を落とすこともあった。

欧州の空へ秘密任務についた英、米、自由フランス軍のパイロットたちは、フランスのレジスタンスへ一九万八〇〇〇梃のステン短機関銃、一二万八〇〇〇梃の小銃、二〇〇〇梃のブレン軽機関銃、五万八〇〇〇梃の様々なタイプのピストル、七三万二〇〇〇個の手榴弾、九九〇〇門のバズーカ・ロケット砲、二八五門の迫撃砲、五九五〇トンの高性能TNT炸薬という莫大な量の兵器を輸送したのである。これらは対独武装レジスタンスで使用されて、連合軍勝利への支援価値は高かった。

ノルウェーのロフォーテン諸
島のドイツ軍燃料集積地を奇
襲する英コマンドー部隊

ＳＯＥ（英特殊作戦実行部）を
率いた経済戦大臣のヒュー・
ダルトン卿

米国のＯＳＳ（戦略情報局）を創設したウィリアム・ドノヴァン少将

1944年、フランスへレジスタンス要員を輸送する英ライサンダー機

英ＳＯＥは欧州各地へ訓練を終えた情報員たちを活発に送り込んだ

ノルマンディ上陸戦への支援であったジェドバラ作戦で北フランスへＯＳＳが派遣したレジスタンス要員たち

第16話　米国の女性兵士（WAAC）

●医療に限らず前線から後方までさまざまな任務につく――

米国で女性が初めて軍務についたのは、一八六一年から五年にわたる米国の内戦だった南北戦争時の南軍（北軍は中央集権で南軍は連邦主義を主張）であった。このとき三五〇〇名の女性が看護婦として登録されて医療士官とともに医療任務につき、その後、すぐに陸軍と海軍の各看護婦部隊が創立された。彼女たちは高度な技術と知識を必要とする医療専門の特殊集団であり、かならずしも軍に所属するとは認識していなかった。

時がたち、一九一四年～一八年の第一次大戦時においては約五万名の米国女性が士官待遇で医療軍務について軍服を着用した。このような「女性軍人」が一般に認められるようになったのは第一次大戦の後半からである。

陸軍看護部隊は四〇〇～二万人までの大小の組織があり、海軍看護部隊は四六〇～一四〇〇人規模の部隊、これらとは別に一万一〇〇〇人がヨーマンリー（奉仕部隊）

として登録された。ほかに数千人が陸軍で事務員や電話交換手などを勤めるとともに、海軍では数百人がマリネテス（海軍勤務隊）として働いた。看護部隊は軍服を着用したが、あまり厳しくない軍規の下で管理され、部分的に同様な条件で勤務する男性要員もいたが正式な軍務についているとは見なされなかった。

第一次大戦が終了すると、女性たちは軍務からはずされたが退役軍人資格は付与されず、ＡＥＦ（欧州へ遠征した米派遣軍）を支援した一五〇〇人の女性電話交換手たちにおいては正式に退役軍人の資格が獲得できたのは、じつに一九八〇年代になってからのことだった。

その後、米国では第二次大戦が始まるまでに一〇〇〇人前後の軍服を着用した女性が見られた。そして一九三九年秋にドイツがポーランドを攻撃して戦争が勃発すると、ふたたび米国では女性が軍務について増員されていったが、当初、軍は女性たちの軍務の役割拡大にあまり熱心ではなかった。しかし、軍全体の動員拡大は人的資源の不足という現実的な事態を招き、女性たちをいかに活用できるかが重要なポイントとなった。

一九四一年に日本との緊張が高まると、「兵士を戦場へ送ろう」というスローガンの下で女性の徴募が正式に開始された。そして同年十二月に対日戦と対独戦が始まり一九四五年五月に欧州戦が終焉し八月に太平洋戦が終了するまでに、じつに三五万人の女性たちが軍務に従事したのである。

米国では数千人の黒人女性を含む二〇万人の女性が陸軍の軍務につき、数種の組織で管理された。たとえば陸軍看護軍団は約六万人の女性が士官看護婦として全戦線で運用され、また陸軍女性補助軍団（WAAC）は一四万人の女性たちが陸軍緊急要員として登録された。彼女たちは全戦域でトラック運転手、病院看護人、航空メカニックなど多種の任務につき、戦争終結少し前に最上部組織である陸軍婦人軍団の一部となった。他の例として、女性レーシング・パイロットとして有名なジャクリーヌ・コクランは女性航空奉仕パイロット（WASPS）を組織し、一〇〇〇人以上の女性パイロットを指揮して四発爆撃機のB17をはじめ各種軍用機を英国へ空輸する任務についている。

米海軍は海兵隊と沿岸警備隊を含めて一五万人の女性が登録されて、海軍婦人部隊として働いた。女性緊急ボランティア・サービス（WAVES）は陸軍のWAAC（陸軍女性補助軍団。のちにWAC）の海軍版であり約一〇万人が多種の仕事に従事したが、この組織から初めて限定範囲で女性航空士に飛行搭乗任務が許可された。そして一九四五年の大戦終了時に女性緊急ボランティア・サービス（WAVES）組織は海軍省の本部要員の五五パーセントを占めるほどの数になっていた。

また、海兵隊は一九四三年に女性を予備部隊として用いた最後の軍の組織であるが約二万三〇〇〇名が登録されていた。海兵隊の女性隊員は兵器操作訓練を受けたが、彼女たちの運用と管理は基本的に陸軍、海軍と同様だった。

正式な軍組織ではない米沿岸警備隊でも女性が勤務した。SPARS（スパース）（ラテン語のつねに準備済みの意）と呼ばれ、戦時中に一万三〇〇〇人が登録されていたが、他の女性部隊にくらべるともっとも幅広い職種についたが、レーダー操作員から木工職人の補助などにもおよんだ。

初期の海軍女性部隊の士官に対しては、ある規則によりサー（男性の目上への敬称）と呼ばれていたのは興味深いことであるが、一般的にはやはりマーム（女性の敬称）がよく使用された。

陸軍と海軍女性部隊の登録平均年齢は二五歳であるが、別の女性部隊では二三歳だった。男性兵士たちより教育レベルが高く、陸軍と海軍の女性部隊の看護婦はすべて看護婦養成所の卒業者だった。もう少し細かく見ると、七パーセントが大学卒業で一四パーセントがそれ以上の教育機関、四一パーセントが高校卒業、三二パーセントが同程度の教育、六パーセントが高校未満という結果だった。総体的に見て女性部隊員の大部分は中産階級であり、三分の一の父親は支配人クラスか専門家の分野に所属して、国の標準よりもかなり高い水準にあったことは注目すべき事実である。

大恐慌の時代を過ごした八パーセントの人々は家庭環境が悪かったとは感じていなかった。隊員の四〇パーセントは小さい町や村の出身で、六七パーセントがプロテスタント、五パーセントがユダヤ人、二五パーセントはカトリックである。多くの女性たちは独身であったが少数の既婚者もいた。WAACの八六パーセントは独身だったが、そのうち七パーセントが軍務中に結婚している。それでは夫は全員軍人であったのかというとそうではなく三〇パーセントが民間人であり、夫が軍人の場合その五八パーセントが戦地にいた。

女性を組織化した米国でも嫌がらせや嘲笑といった風潮が見られたが、女性たちは傑出した働きをみせ、後に青銅星章（英雄的、名誉奉仕、成果を挙げた米軍人にあたえられる勲章であるが、五回受章すると銀星章に格上げされた）を受けた人々もいた。そうした反面、不幸にも軍務中に捕虜となり殺害された者もあった。米国ではひととき戦争の長期化が検討され、女性たちの有効運用に期待して一五〇万人の女性を徴募することが提案されたが、さしもの大戦も終焉に向かいすべて中止された。こうした歴史を踏まえて二一世紀の今日、軍服姿の女性は普遍的な情景として見られるようになったのである。

　ところで、米国の女性部隊は直接戦闘には参加しなかったし、他国でも一般に女性部隊は戦闘に加わらなかった。一方、ソビエト軍は独ソ戦の初期の航空部隊において三個女性飛行連隊（21魔女飛行連隊参照）を編成して、ドイツ爆撃機の迎撃やドイツ地上部隊陣地に対する夜間攻撃を行なった。また陸軍の一部の女性部隊（戦車部隊を含む）は戦闘に参加したが、総じて数十万名の女性部隊は危険をともなってはいたが、戦場の交通整理や防空部隊での仕事を担当した。特殊な例であるが、女性が高度に訓練された狙撃兵として任務についたケースも知られるところである。

　一方、ドイツでは数千名の女性がドイツ本土の空軍防空部隊補助員として用いられて、連合軍爆撃機群の迎撃時のレーダー管制や無線誘導を任されたほか、対空砲の砲弾搬送、サーチライト要員、聴音手など多くの任務についたが、多数の損害を出している。

米国の陸軍女性補助軍団（WAAC）は14万人が登録された

著名なレーシング・パイロットのジャクリーヌ・コクランは
女性航空奉仕パイロット（WASPS）を組織した

来襲する爆撃機音をとらえる聴音機器を操作するドイツ空軍の防空補助隊員

第17話　虚々実々の航空電子戦

●爆撃機と戦闘機、攻める側と迎え撃つ側のイタチごっこ――

二一世紀の現在の目覚ましいエレクトロニクスの発展の大部分は、第二次大戦時に開発され、電子戦で広範囲に運用された理論と装置の進化の賜物である。ここでとり上げているのは、とくに英米対ドイツの空の戦いにおける激しい電子戦の概略だが、ひとつひとつの項目には、それぞれに専門分野の技術の奥深い発達史が存在しているのである。

エレクトロニクスは一八六四年に英国の物理学者J・C・マクスウェルの電磁波理論に始まり、一八八八年にドイツの物理学者H・ヘルツの電磁波の立証実験、一九〇〇年代初期のドイツ人C・ヒュルスマイヤーのレーダーによる船舶探知実験をへて、一九三三年以降の実用化へと進んだ。ひとくちに電磁波といっても波長域により異なる低周波、超長波、長波、中波、短波、超短波、マイクロ波などがあり、異なる多種の軍用レーダーが使用された。

しかし、最終的にドイツを制したのはマイクロ波を発振するマグネトロン（電磁管）を実用化した英国であり、それまでの電子戦の様相を一変させる重要な転換点となった。マグネトロンの原型といえるものは一九二〇年に米国のＧＥ社のアルバート・ソルによる低周波発振装置に始まるが、実用マグネトロンは一九四〇年に英国の物理学者Ｊ・Ｔ・ランドールとハリー・ブートによる開発であり、小さな物体でも発見できるレーダーに用いられて第二次大戦後半の連合軍対ドイツの電子戦で重要な役割を果たした。

ちなみに日本でも一九二七年に東北帝大の岡部金治郎助教授が分割陽極型マグネトロンの基礎研究を実施し、一九二五年には八木アンテナ（海外で価値を発揮した）の実用化が進められている。また、物理学者の朝永振一郎によるマイクロ波用マグネトロン理論も達成されたが、当時の軍部はその先進性を認識せずに遅れをとったのは残念だった。

太平洋戦争後半になり、陸軍と海軍のそれぞれ独自開発という無駄もあったが、主にドイツのヴュルツブルグ・レーダーのコピー、あるいは捕獲した英米の初期レーダーの複製などにより、電波探信儀（電深）、電波警戒機、超短波警戒機などが作られ数種が運用された。それでも真空管や部品の脆弱性と工作技術の低い信頼性により、充分に機能しない機器が多かったと記録される。

ところで軍用レーダー（電波探知装置）は第二次大戦前にすでにドイツ、英国、米国に存在していた点は注目すべきことだが、一九四〇年夏の英独航空戦では英国が防空戦で運用したチェーン・ホーム・レーダー（早期警戒網）が重要なキー・ポイントとなった。ドイツも一九四〇年に同じく早期警戒装置であるフレヤ・レーダーを保有していたが、機構が複雑で英独開戦時には設置数も少なく充分に機能しなかったが、しだいに改良されて一〇〇〇基以上が稼働した。

ドイツが艦船に初めて捜索レーダーを装備したのは一九三七年の装甲艦グラーフ・シュペーである。大西洋での通商破壊戦時にウルグアイのモンテビデオ港口で有名な自沈劇をくり広げた後の一九四〇年に、その性能を知るために英国が搭載レーダーを回収している。

米国では一九四一年十二月七日（日本では八日）にパールハーバー攻撃に向かった日本海軍の攻撃機群をオアフ島に設置された移動レーダーが探知したが、その警告は無視されてしまった。しかし、一九四二年になると太平洋戦域でレーダー装備の艦船が充分とはいえなかったがかなりのレベルで運用され、しだいに陸海空軍で広範囲に装備されて戦況を有利に進める大きな価値を発揮した。

英国の海上輸送の生命線である大西洋航路の船団を攻撃するUボート（潜水艦）を撃滅するためには、個々のUボートの在りかを探知する必要があった。英国は広範囲に通信傍受基地を設けてUボートの通信電波を監視して速やかに位置を決定して攻撃する、ハフダフ・システムなど大局的な勝利を獲得するためのエレクトロニクスの応用は枚挙に暇がない。

ここでは最も重要だった英独航空戦に関する電子戦の分野をまとめてみた。以下は一九四〇年から一九四四年まで運用された主な英・米・独の航空電子戦の要略である。

時期	使用国	名称
一九四〇年二月	ドイツ	クニッケバイン

複数の電波発信所からの電波誘導により、ドイツ夜間爆撃機編隊を英国の爆撃目的地へ高い精度で電波誘導する航空航法装置。

時期	使用国	名称
一九四〇年六月	ドイツ	ヴュルツブルグ

地上レーダーで探知範囲は約四〇キロで来襲機の高度も探知して対空砲と連動運用した。

時期	使用国	名称
一九四〇年九月	英国	アスピリン

ドイツのクニッケバイン無線電波誘導装置の妨害電波システム。

一九四〇年九月　　ドイツ　　フレヤ

地上レーダーの改良型で探知範囲は一二〇キロあって爆撃機の早期来襲警戒装置であるが高度は探知できなかった。

一九四〇年十月　　ドイツ　　ヴュルツブルグ

夜間迎撃のために二組のレーダーを用い、一組は爆撃機の追尾、もう一組は迎撃機の追尾と誘導用だった。

一九四一年九月　　ドイツ　　ヴュルツブルグ・リーゼ

ヴュルツブルグ・レーダーの改良型で探知範囲は約七〇キロだった。

一九四二年二月　　ドイツ　　リヒテンシュタイン

ドイツ夜間戦闘機の機載レーダーで有効距離は条件にもよるが二〇〇〜二〇〇〇メートルだった。

一九四二年三月　　ドイツ　　マムート

探知範囲の広くなった早期警戒レーダーで有効距離三五〇キロだが高度探知はできなかった。

一九四二年三月　　ドイツ　　ワッサーマン

初期警戒レーダーで探知距離二四〇キロだが高度探知ができなかった。

一九四二年三月　英国　GEE（ジー）

地上送信機からの電波を利用する航空航法装置で送信電波は六〇〇キロの有効距離を有し、飛行中の爆撃機の対地位置誤差は一〇キロだった。

一九四二年六月　英国　シェーカー

夜間爆撃時にGEE（航法装置）を搭載したパスファインダー（先導機）に爆弾投下目的地を示す装置で後続機がそこへ投弾する。

一九四二年八月　英国　ムーンシャイン

ドイツの警戒装置フレヤ・レーダーが放つ捜索電波を空中で探知増幅して送り返すことでより大きい爆撃編隊に見せかける機載装置。

一九四二年八月　ドイツ　ハインリッヒ

英国のGEE装置を電波妨害して無効にさせる装置で一九四二年十一月以降は使用できなくなった。

一九四二年十一月　英国　マンドレル

編隊長機に搭載してドイツのフレヤ・レーダー（警戒レーダー）を電波妨害する装置。

一九四二年十一月　　英国　　ティンセル
迎撃するドイツ夜間戦闘機の地対空通信を妨害する装置だが大きな効果はなかった。しかし、同時に爆撃機のエンジン音をアンプで拡大したので地上の対空観測員に混乱を生じさせた。
一九四二年十二月　　英国　　オーボエ（Ｏｂｏｅ）
距離四三〇キロ探知の地上レーダーで昼夜間運用して英爆撃編隊の位置を特定して爆撃時に電波を送った。
一九四三年一月　　英国　　Ｈ２Ｓ
機載の地上捜索レーダーで水上、田園、村落、市街などを識別できた。
一九四三年三月　　英国　　モニカ
夜間爆撃機の航法警戒レーダーで距離一〇〇〇メートル以内の接近機を警告した。
一九四三年三月　　英国　　ブーザー
レーダー波警戒装置でドイツのヴュルツブルグやリヒテンシュタイン・レーダーの電波をキャッチして警告する装置。
一九四三年六月　　英国　　Ａ１Ｍｋ９
夜間戦闘機搭載の改良型レーダーでＳＣＲ720としても知られている。

一九四三年六月　　　　　　英国　　　　　　セラーテ
ドイツの夜間戦闘機搭載レーダー・リヒテンシュタインの発する電波受信装置で英夜間戦闘機がドイツ機の存在を知るためだった。

一九四三年七月　　　　　　英国　　　　　　ウィンドー
ドイツのレーダー波長の半分の長さの束のアルミ片を爆撃機から空中に散布してドイツ・レーダー波を広範囲に妨害した。別名チャフとも呼ばれた。

一九四三年八月　　　　　　英国　　　　　　スペシャル・ティンセル
通信妨害ティンセルの改良型でドイツ機搭載の新型機載無線に対抗する装置。

一九四三年九月　　　　　　ドイツ　　　　　ナックスブルグ
英国のH2S地上捜索レーダー波の受信機で三〇〇キロ以上の探知距離があった。

一九四三年十月　　　　　　英国　　　　　　ABC
ABC機載送信機は地上レーダーとドイツ戦闘機の間の新型通信機を妨害して迎撃情報を入手させないジャミング（妨害）装置。

一九四三年十月　　　　　　英国　　　　　　コロナ
スペシャル・ティンセル（電波妨害）の改良型でドイツ夜間戦闘機への妨害電波装置。

一九四三年十月　　　　　　　ドイツ　　　　　　　SN - 2
夜間戦闘機搭載レーダーで英国の捜索電波妨害ウィンドーへの対抗装置で有効距離四〇〇〇〜六〇〇〇メートルだった。
一九四三年十一月　　　　　　ドイツ　　　　　　ヴュルツラウス
ヴュルツブルグ・レーダーの改良型。飛行中の爆撃機とドイツ・レーダー波を妨害するウィンドー（アルミ片の散布）を区別できた。
一九四三年十一月　　　　　　ドイツ　　　　　　ニュルンベルグ
ヴュルツブルグ・レーダーの改良型。操作員にレーダー・スクリーン（ブラウン管）上に光点を示し、電子音でも知らせた。また訓練によって操作員がブラウン管上の光点の点滅や電子音を解析して警告に用いた。
一九四三年十一月　　　　　　ドイツ　　　　　　フレンズブルグ
英爆撃機搭載の航法警戒レーダー・モニカの捜索電波を探知するドイツ機搭載の受信機。英機の存在を知り、あらかじめ敵の防御砲火への対策を行なうことができた。
一九四三年十二月　　　　　　ドイツ　　　　　　ダールトボード（ダーツ板）
ドイツ無線局の通常無線交信が妨害されるので戦闘機との交信はコード（暗号化）化されて行なわれた。

一九四四年一月　　英国　　オーボエ2（Oboe2）
英爆撃機編隊の位置を掌握するためのオーボエの新電波発信装置。
一九四四年一月　　ドイツ　　ナクソス
英国の地上捜索レーダーの電波受信装置。
一九四四年四月　　ドイツ　　ヤークトシュロス
捜索範囲一五〇キロの地上レーダーでスイッチにて四つの波長捜索が可能であり電波妨害に強かった。
一九四四年四月　　ドイツ　　エゴン
戦闘機の地上管制用の無線で誘導により妨害電波に対抗するが、その範囲は二〇〇キロだった。
一九四四年八月　　英国　　ヨッスル
電子機器の妨害装置で広範囲な波長域に有効だった。
一九四四年九月　　英国　　ウィンドー2
新型レーダー波妨害用のアルミ箔片でドイツのSN-2レーダー波の妨害用である。
一九四四年十月　　英国　　セラーテ4
新セラーテはドイツのSN-2機載レーダー波探知用である。

一九四四年十二月　　英国　　パーフェクトス
ドイツが重要性を理解して数年かけて開発した彼我識別装置（ＩＦＦ）に対して、
パーフェクトスはドイツ機へ符号を送る一種の欺瞞装置。
一九四四年十二月　　英国　　マイクロＨ
ＧＥＥ地上捜索レーダーがドイツ側に妨害されたので、その代替えレーダーだった。

キャビティ・マグネトロンを実用化したH・ブート(左)とJ・T・ランドール(右)

1940年に開発されたマグネトロン

大戦初期の英本土航空戦で威力を発揮した英チェーン・ホーム・レーダー網のアンテナ群

フランスで捕獲されたヴュルツブルグ・リーゼ(ＦｕＭＧ65)

Ｂｆ110夜間戦闘機搭載のリヒテンシュタインSN－2レーダー

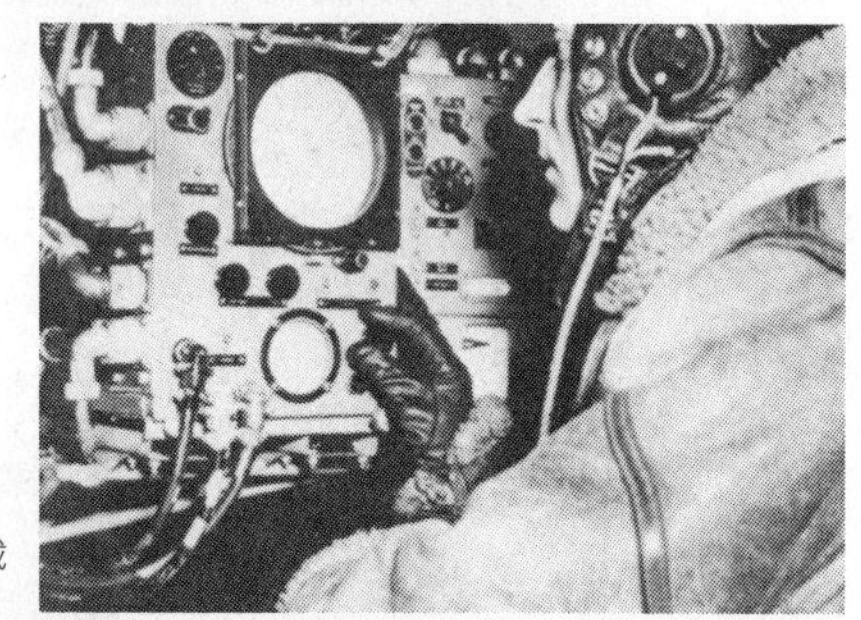

先進的なＨ２Ｓ機載地上捜索レーダー

ドイツ・レーダー波を妨害するチャフを散布する英アブロ・ランカスター爆撃機

第18話　空挺部隊の始まり

●優れた装備、充実した訓練、充分な支援の下で成り立つ――

第二次大戦初期の一九四〇年五月、ドイツ空軍空挺部隊は世界に先駆けて難攻不落と称されたベルギーのエバン・エマエル要塞へ空からの奇襲を成功させた。翌一九四一年五月のギリシャのクレタ島降下作戦では軽装備のために大損害を被り、驚いたヒトラーは以降大規模な空挺作戦を許可しなかった。

ドイツ空挺部隊の華々しい活躍に刺激を受けた日本海軍は陸戦隊をもとに海軍空挺部隊を編成し、太平洋戦争初期の一九四二年一月にセレベス島のメナド攻略戦で初めて降下作戦を成功させた。また陸軍空挺部隊（コマンドー的な挺進連隊や挺進団と称した）による、一九四二年二月のスマトラ島の油田制圧パレンバン降下作戦は軍事的に優れた運用であった。

そして同じようにドイツ空挺部隊の活動に刺激を受けた英米では、実戦的な空挺部隊は少し遅れたが、大戦後半の一九四四年六月のノルマンディ戦、オランダのアルンへム降下作戦、ライン川降下作戦などの大規模な降下作戦へと発展した。

世界で最初に空挺旅団を編成したのはソビエトであった。一九三〇年八月二日にモスクワ軍管区で世界最初の四発重爆ツポレフTB‐3から初めて空挺兵のパラシュート降下が行なわれた。しかし、第二次大戦中に空挺部隊の戦術的能力を効果的に引き出す体系的発展にはいたらなかった。ソビエトの空挺部隊（VDV、陸軍空挺軍の略）の創設は一九三二年十二月十一日と古く、一〇〇〇名の降下隊員を擁し、革命軍事評議会の命令でレニングラード軍管区にて第三空挺旅団が編成されたのが最初である。


一九三〇年代は世界の軍事テクノロジーが急速に進化した時代だった。たとえば、戦車、軍用機、航空母艦、急降下爆撃機、電子機器などがあげられるが、ソビエト空挺部隊はそうした革新的な兵器や技術を充分吸収発展したものではなかった。

ソビエト空挺部隊は一九三四年までに組織化されたが基本的に降下兵三〇〇〇～三五〇〇名による旅団規模であり、四〇〇〇から五五〇〇名編成の小ぶりな四個歩兵大隊、砲兵大隊、偵察中隊、および各種の支援部隊があった。この空挺旅団には空輸グライダーを運用する二個グライダー大隊があり、空輸兵、砲兵、軽戦車を輸送できた。一両の軽戦車を二個空挺旅団で運び、また、一七門の火砲（四門の七五ミリ砲、迫撃砲、対空砲、対戦車砲）を輸送した。

　旅団全体では六〇～七〇両のトラックを保有する重装備の空挺部隊であり、一九三六年までに三個空挺旅団と三個空挺連隊に拡大されたが空挺要員の変遷を示せば次のとおりだった。

年度	空挺（降下）員数の変遷
一九三二年	一〇〇〇名
一九三三年	八〇〇〇名
一九三四年	一〇〇〇〇名
一九三五年	一〇〇〇〇名
一九三六年	一〇〇〇〇名
一九三七年	一二〇〇〇名
一九三八年	一八〇〇〇名
一九三九年	三〇〇〇〇名
一九四〇年	五〇〇〇〇名
一九四一年	五五〇〇〇名

ソビエト空挺部隊の実戦参加は一九三九年五月〜九月の満州・外蒙国境のモンゴルの平原（ノモンハン事件）で一個空挺旅団が地上部隊として日本軍と戦闘を行ない、また一九四〇年にはソビエト・フィンランド戦でも二個旅団が同様に地上部隊として投入されている。第二次大戦でソビエト空挺部隊の三個旅団がベッサラビア（中世はルーマニアで現在のモルドバ）の占領時に降下部隊が地上部隊に先駆けて投入されたが、戦闘もなく結果的に出動訓練に終わった。

一九四〇年にソビエトでは空挺軍団（実質は師団）が編成されて、約三〇〇〇名の空挺旅団三個と、軽戦車大隊、歩兵大隊、対戦車砲大隊からなる支援部隊が付属して完全編成時は一万五〇〇〇名だった。ドイツがロシアに侵攻した一九四一年六月の段階では空挺装備が欠けていたが、二個から三個旅団からなる五個空挺軍団があり同年末に第一から第一〇までの一〇個空挺軍団となった。

独ソ戦の初期はドイツ空軍の航空優勢により電撃的な侵攻となり、ソビエト軍は祖国防衛を最優先としたので、これらの空挺部隊は歩兵として戦闘に投入されてしまった。この結果、ソビエト軍が九年をかけて編成した空挺部隊は歩兵としてしだいに消耗していったのである。

最初の二ヵ月間の戦闘で約六〇パーセントが消耗したが二個空挺軍団はまだ存続していた。これに三個空挺軍団の残兵を加えて再び五個空挺軍団が編成されたものの、一九四一年／四二年冬季戦で再び地上部隊として投入された。それでも、いくつかの空挺作戦が実施されたが、規模が小さくて戦況の変化に寄与することはなかった。

一九四一年の降下作戦はウクライナのキエフ付近の作戦、オデッサ方面の作戦、ケルチ半島作戦など少数でしかなかった。また南ロシアのカフカス（コーカサス）方面の対独戦にも派遣されたが、甚大な損害を被ったものの迅速な戦力回復は驚異的なソビエトの人的資源の豊富さを示していた。

一九四二年冬から四三年初期のスターリングラード戦（ヴォルゴグラード）でドイツ第六軍が壊滅して戦線の転機が訪れた。この時期に空挺部隊は歩兵任務からはずされて新たに一〇個親衛空挺軍団（実質は空挺師団規模で部隊番号も変わった）を編成して地上軍として戦場に投入されたが、多くが戦闘で消耗した。

ソビエトの大規模空挺作戦は二回実施され、最初は一九四二年二月～三月のドニエプル川支流にある要地ヴィヤズマの奪還戦に投入されたが、これは、三個空挺旅団が主役の地上部隊に呼応して効果的な空挺作戦を行なった最初のケースとなった。

もう一つは一九四三年九月にソビエト軍がドイツ軍の焦土作戦から小麦や作物を守

り、ドニエプル河畔に橋頭堡を設けるという反撃戦を展開したものだった。このとき三個空挺旅団（第一、三、五の空挺旅団）が作戦支援のためにウクライナのカニウに降下したが、実態は四五七五名が降下しただけで、迎撃するドイツ軍により充分な効果を挙げられなかった。

これは、重要な空挺戦力を集中できなかったことと、早急に編成された空挺部隊に充分な訓練が施されず、多くの降下兵は降下塔の訓練だけで実際の輸送機からの降下はなく、必要な準備に欠け、加えて充分な輸送機と経験豊かな技術力の高いパイロットも少なかったことなどが指摘された。一方、ドイツ軍は多数の対空砲を配置して迎撃準備が整っていた。降下作戦はドイツ戦闘機の攻撃を避けるために夜間に実施されたが、結果的に混乱を増しただけだった。

この空挺作戦の顚末はスターリン首相に不満を抱かせたが、起こるべくして起こった失敗だったといわれる。第二次大戦のソビエト空挺部隊の最後の任務は一九四五年八月の満州（中国東北地区）侵攻と南樺太の都市占領に用いられている。

結局、ソビエトでは多くの空挺旅団が編成されたが、第二次大戦時にはほとんどが精鋭地上部隊として投入されたのちの一九四四年末以降は、後方戦力として保持されていた。ソビエト空挺部隊は、優れた装備、充実した訓練、そして充分な支援体制の確保により、確実に戦力化されたのは戦後になってからのことだった。

他方、英米連合軍は一九四四年九月に西方戦線で実施されたマーケット・ガーデン作戦時にオランダのアルンヘムで大規模な空挺作戦を行なったが失敗した。この挫折を学習して、次は一九四五年三月に英米空挺部隊が英モントゴメリー軍の支援のためにライン川（ウェーゼル）渡河作戦に投入された。これは昼間に三〇〇〇門の火砲を集中して、ほかの作戦と混合させた大規模な空挺作戦となり成功した。

一九四〇年五月の西方電撃戦でベルギーのエバン・エマエル要塞奇襲で成功したドイツ空挺部隊は、翌年五月にギリシャのクレタ島降下作戦で多大な損害を受けてしまい、以降、大規模空挺作戦は実施されなかった。空軍降下猟兵師団一三個といくつかの降下部隊が編成されたが、多くは歩兵として戦場に投入されて消耗したのは、ソビエト空挺部隊と同じだった。

しかし、ドイツ降下猟兵師団（9ゲーリング元帥の空軍野戦軍参照）は軽装備だったが、ソビエト空挺旅団は軽戦車と重砲を有する重装備であり戦力も大きく、地上戦でも精鋭であった。

1930年代のソビエト空挺兵でツポレフANT－6爆撃機からの降下訓練

数少ない降下作戦に向かうソビエト空挺部隊

大戦末期に行なわれた大規模な英米空挺部隊によるマーケット・ガーデン作戦

1940年6月に行なわれたドイツ空挺部隊のクレタ島降下作戦

第19話　米砲兵の威力

●欧州戦末期には一日当たり二三〇万発を消費した――

第二次大戦中の米陸軍の砲兵大隊は先進的な戦術ドクトリン（軍隊の運用思想）と優れた火砲、そして革新的な運搬手段との融合により戦場で威力を発揮した。これは大戦前の一九三〇年代以降に砲兵指導者たちが火砲、機材、弾薬補給などをパッケージにした運用技術を発展させて世界最高レベルの砲兵組織を育成したからであるが、その成功の陰にいくつかのポイントを見ることができる。

たとえば米砲兵の高機動性があげられる。多くの他の軍隊は火砲を馬匹牽引に頼ったが、米国はこの方式を早期に廃止して、すべての火砲をトラック牽引、あるいは専用牽引車（トラクター）、および装甲戦闘車両の車台上に火砲を搭載した自走砲で機動化した。また、砲撃精度を高める火器管制はもっとも大きな技術的発展を成し遂げ、機械式コンピューターによるデータ計算システムと無線通信器の広範な使用による運用の柔軟性は他国にないもので、米砲兵に大きな能力を付与した。

第一次大戦では砲撃時に前方着弾観測員が多用されたが、前線運用の重火砲数はそう多くはなく、砲兵中隊の保有数は四〜六門であり砲兵大隊でも一二門程度だった。第二次大戦時の米砲兵の前方観測員方式は同じだが、全砲力をもって目標を正確、迅速、濃密な大規模砲撃という新戦術を展開した。

この砲撃戦術にはドイツ軍も瞠目したが、資源的に同様な手段は採用できなかった。弾薬量についても米国は製造大国であり数千万トンの弾薬を生産して、大量建造のリバティ輸送船を用いてヨーロッパへ急送し、揚陸地から前線へは膨大なトラックを運用して迅速に供給した。しかも弾薬は大量であっただけではなく多種多様、そして高品質であった。

前線での米砲兵部隊は絶対的な連合国空軍の制空権下で砲撃観測任務にパイパーカブという高翼単発の軽飛行機を利用して、上空から低速飛行によって隠蔽された目標を発見し、精密な砲撃誘導を行なうことで大きな効果を挙げた。また、戦闘機パイロットですら緊急時には砲兵の砲撃を要請することが可能だった。もし、敵が作戦行動を起こしたならば米砲兵は敵部隊全体に砲弾の雨を降らせる戦術をとり、信じられないほど大量の砲弾を浴びせた。

この戦術により太平洋の島嶼戦における日本軍も欧州大陸のドイツ軍も、米軍の歩兵をともなう強力な支援砲撃に遭遇することになった。こうした米陸軍砲兵部隊の激しい砲撃を浴びたドイツの兵士たちは「米軍にあってわれわれにないのは不公平だ！」と不満を述べ、日本の兵士は誇り高く戦死する道を選んだのだと米軍部は理解していたという。

さらに、物量米軍の弾薬消費量がある。一九四〇年から一九四五年までの米陸軍G3セクションの統計によれば、小口径弾を除く砲弾の生産数は一九ヵ所の生産工場により一億一九五六万二〇〇〇発であり、そのうちGM（ジェネラル・モーター）社の納入弾数は四〇〇〇万発だとしている。

一九四四年六月から一九四五年五月の連合軍の勝利までの欧州戦線では、ピストル弾から二四〇ミリ重砲弾まで一一〇億発の各種弾薬が消費されたが、これには手榴弾、バズーカ砲ロケット弾、魚雷などは含まれない。それは一日あたり、およそ三三〇万発を消費した計算になるが、地上軍を支援した空軍と海軍の消費弾薬数は含まれてはいない。

その結果として、莫大な弾薬消費は極めて低い兵員の損耗率となって現われた。こうした大量の弾薬消費が可能になったのは、戦争遂行のために巨大な兵站支援がつねに維持されていたという事実によるものである。

砲兵の評価は使用する火砲だけでなく、多くの隠れた背景に眼を向けなくてはならない。砲兵が威力を発揮するには充分な量の火砲の保有と迅速な損耗補充はもとより目標を正確に認定する手段（照準）、着弾精度を上げる前方砲撃観測、そして戦況把握によりターゲットから別のターゲットへ柔軟に変更し、同時に他の砲兵部隊と連携して大量砲撃を行なうための砲撃指揮センターが機能した。また、火砲の搬送と機動には牽引車などの搬送車両が必須であり、同時に敵の攻撃から砲兵を保護しなければならなかった。換言すれば砲兵が火砲を最大限に活用するには支援システム全体が相互に円滑に機能しなければならず、システムのいずれかが欠落しても威力が大幅に減じるのである。

第二次大戦中の米国とドイツ砲兵の比較では、米陸軍の砲兵隊の方が優れたシステムを有していたことを示している。これは、より大口径の火砲の開発と保有よりも、より良い運用システムの構築に努力して成功した例となっている。北アフリカ戦線のリビア砂漠で独・伊装甲軍を率いたエルヴィン・ロンメル元帥は「敵砲兵の圧倒的な砲撃力と空の優位がわが軍を破壊した」と述べ、さらに一九四四年夏のノルマンディ上陸戦でも「砲撃戦において彼らの優位性は大量の弾薬供給システムにある」と喝破していたほどだった。

	機甲師団の場合	歩兵師団の場合	155ミリ砲大隊
攻撃作戦時使用量	436～832トン	353～658トン	66～121トン
防御作戦時使用量	596～969トン	472～768トン	86～142トン
追撃作戦時使用量	107トン	83トン	15トン

米砲兵部隊の標準的火砲は一〇五ミリ榴弾砲（M1～M3）であるが、皮肉なことにこの砲は第一次大戦時のドイツ・ラインメタル社の一〇五ミリ砲をベースにしたもので、米国で一九二八年以降に改良が重ねられて、鋼材、照準具、弾薬などが大幅に進化し極めて性能の良い一級火砲に発展したのである。同砲は当初は歩兵師団に三六門を装備し、大戦末期には歩兵連隊へ砲兵中隊が追加されて五四門装備（ドイツの精鋭装甲師団の砲兵連隊は二四門）となった。

一門の一〇五ミリ砲は一時間に五〇発を発射するが、これは弾薬一・八トンに相当した。また、一門の一〇五ミリ砲は部隊の規定保有砲弾を四時間で消費するとされていたが、実態は部隊の規定量よりも多くの弾薬を消耗したが、前線で敵と対峙するGIたちには大いなる支援となった。一方、戦争指導部は戦場の実体と理論上の乖離が兵站システムを破綻させると指摘したが、欧州戦線へ派遣された米砲兵隊が直接戦闘に従事したのは戦力の五〇パーセントであり、結果的に弾薬は充分だったという事情があった。このことは、保有火砲の半分が投入されていないということでもあり、充分な予備砲兵部隊があるという余裕でもあった。

ちなみに米軍の機甲師団、歩兵師団の砲兵大隊、および独立砲兵大隊の一五五ミリ重榴弾砲ロング・トム（一二門）の標準使用砲弾量は次表のとおりである。

注、数字上の観察では攻撃より防御作戦時の砲撃の方が弾薬消費量は多いという結果は興味深い。ここに示される数字は欧州戦線での結果であるが、太平洋戦線は欧州戦とは規模と形態で異なる島嶼戦だったが、ある程度似た傾向だと分析されている。

Ｍ４高速牽引車で迅速に移動する155ミリ重砲ロング・トム

巨大軍需産業のＧＭ社で生産される中口径砲弾

第20話　低い評価の爆撃作戦

●大国を負かすほどの爆撃の成果とは――

第二次大戦中の連合国空軍による戦略爆撃は、もっとも破壊的な戦争行為の一つだった。一九四四年六月のノルマンディ上陸戦以降、英米連合軍は地上軍一五〇万名を投入し、ドイツ軍は二二〇万名で迎撃するが、一方で民間人二〇〇万人が被害を被った。空の戦いもまた激烈で、英空軍と米陸軍航空軍は六万九〇〇〇機の航空戦力を投入した。

連合国の対ドイツ航空戦は一九三九年後半に始まっていたが、ドイツ本土への本格的な戦略爆撃は四年後の一九四三年からである。英国のアブロ・ランカスターや米国のB17空の要塞に代表される四発重爆撃機は一五〇万トンの爆弾を投下し、双発爆撃機と戦闘爆撃機は一一〇万トンの爆弾を投じた。こうした対独戦略爆撃作戦の目標は軍需工場、官庁、市街地、鉄道輸送網、そして地上軍だった。

英空軍はピーク時に七一万八六二八名のパイロット、乗員、地上員を擁して一二九万トンの爆弾を落とし、米陸軍航空軍もピーク時に六一万九〇二〇人の要員の努力で一五〇万トンの爆弾を昼間爆撃で投下した。また、米陸軍航空軍は第二次大戦中の連合国空軍の爆弾投下総数で七五パーセントを占めていたが、損害は甚大で英空軍（英連邦と亡命パイロットを含む）と米航空軍の乗員一五万九〇〇〇人が死傷した。

航空機の損害もまた膨大であり、英米爆撃機は二万一九一四機（英空軍一万一九六五機）で戦闘機は一万八四六五機（英空軍一万四五機）だった。爆撃機の出撃は延べ一五〇万回に達し、戦闘機は二七〇万回の出撃だが、爆撃機は作戦中に攻撃を受けて多くの乗員が機内で戦死あるいは負傷した。

爆撃作戦の多くは英国の基地から出撃して投下爆弾の五〇パーセントがドイツ本土へ、そして二二パーセントはドイツ占領下のフランスへ投下された。また、イタリアへ基地を置く連合国空軍はイタリアへ一四パーセント、オーストリア、ハンガリー、バルカン諸国へ七パーセント、その他の地域へ七パーセントだった。

戦後の軍事歴史書で、こうした爆撃作戦の威力について充分に評価されるのが少ないのは、対象が敵地であり目標が広範囲にわたり、多くの場合、戦いの中でどのような影響や効果をあげたのかを確認することが難しいという事情によるものである。戦略爆撃提唱者が爆撃作戦は戦争の行方に決定的効果があったと語り、戦争全般に幅広い影響をあたえ、連合軍の勝利に主要な貢献をなしたのは確かである。しかしながら各部においては必ずしもピタリとあてはまるというものでもなかった。

当初、英米の戦略爆撃の指導者たちは何を爆撃するべきかという確たる目標を持っていたわけではなかった。このことは、とりもなおさず、それほど対独戦では多くの爆撃目標が存在したということである。実際は試行錯誤をくり返しつつ、結果的に組織的かつ大規模な爆撃作戦に移行していったと米第八航空軍の記録には記されている。

米航空軍の工業地区への爆撃は工場群三六・四パーセントで、このうち二四パーセントは化学工業とゴム工業が目標であり、明確な航空機工場の破壊には爆弾の約四パーセントが投下された。主に鉄道を目標にした輸送網破壊は三六・三パーセントで、操車場と修理工場の破壊、橋梁、トンネル、機関車のほかに自動車道路のトンネルや橋梁も目標にした。この数字のうち、一二パーセントが海運（運河）輸送網の破壊に向けられた。

地上軍へは一一・一パーセントであるが、部隊、資材、兵舎などの施設と建造物が目標だった。ドイツ空軍の飛行場と施設には六・九パーセントが投下された。また、差し迫った脅威であったV１飛行爆弾とV２ロケット発射場への爆撃は〇・二パーセントで、その他の目標へは九・一パーセントである。

一九四三年になると主要な兵器である航空機、戦車などで必需となるボールベアリング工場などの部品企業を爆撃して生産阻止を図った。連合国の戦略爆撃機がそうした作戦を開始すると、ドイツ側は迅速に工場疎開と分散生産へ態勢をシフトして損害の軽減を図った。

また、連合軍は一九四四年初期にドイツの輸送網を徹底的に破壊することを決定した。これは、同年夏に予定されるノルマンディ上陸作戦への支援であったが、爆撃作戦は成功してドイツの戦争遂行力を広範囲に減ずる効果があった。ドイツ地上軍が前線へ迅速に移動できなかっただけでなく、戦車、航空機、火砲などの生産軍需工場が兵器を前線へ送ることができなかった。

このような連日連夜の激しい爆撃により、ドイツ側は工場の工作機械を分散移動して組立工場をハルツ山地の鉱山トンネルを利用した地下施設で行なうなどの対策を強いられたのである。だが、一方でこのような疎開態勢は鉄道輸送にさらなる依存を必要とする結果となった。

当初、連合軍はドイツの鉄道網を完璧に破壊するには対象が大規模過ぎると考えたが、それは事実だった。しかし、戦闘爆撃機が行なう機関車への銃爆撃、損傷機関車の修理場でもある鉄道操車場への集中攻撃で、ドイツの鉄道輸送システムは事実上、稼働しなくなった。

ドイツは東部戦線でソビエト軍の急進撃により一九四四年八月にルーマニアの油田を失い、輸送網の破壊と合わせて前線への燃料供給が絶たれてしまい、戦闘機も戦車も動かず防衛軍は機動性を失った。段階的にドイツ地上部隊全体の機動が緩慢となり、反対に連合軍は機動力を増して戦争期間を短縮することができた。

こうしたドイツ崩壊の要素となったのはドイツ空軍の凋落であるが、その原因は連合国空軍の組織的爆撃の成果だった。連合国空軍の制空権の確保とドイツ空軍の非活発化は戦略爆撃の効果をますます助長して、ドイツの都市の多くは灰燼と化した。

一九四四年にはドイツ空軍の大部分がドイツ本土の防空戦に振り向けられたが、深刻な燃料不足と熟練パイロット不足に悩まされることになった。それに対して連合国空軍は重爆撃機の重武装と防御力強化、そして長距離護衛戦闘機の防御幕も充分となっていたのである。

ドイツ空軍戦闘機戦力の対連合軍爆撃機迎撃機の比率

年度	保有迎撃機戦力中の比率
一九四〇年六月	一％

一九四一年六月	七%
一九四二年六月	一七%
一九四三年六月	二一%
一九四四年六月	四五%
一九四五年一月	五〇%

連合国空軍爆撃の対ドイツ爆弾投下比率

年度	準備爆弾量と投下比率
一九四〇年	〇・八%
一九四一年	二・〇%
一九四二年	三・〇%
一九四三年	一二・八%
一九四四年	五七・九%
一九四五年	二三・五%

一九四四年末からは、連合軍地上部隊がドイツ空軍の攻撃を受けることはほとんど

なくなり、さらに都市部への戦略爆撃が強化された。そうした状況の中でドイツ空軍は最後の努力を傾けていた。ドイツ敗戦を目前にして革新的なジェット機が一部の連合軍地上軍を銃撃し爆撃機を迎撃した。このメッサーシュミットMe262は世界最初の実用戦闘／爆撃機であり、地上攻撃任務にも使用された。Me262は高速で四門の三〇ミリ機関砲を搭載して火力が強く、攻撃を受けた部隊は損害率が高く、ジェット機の出現は連合軍の爆撃作戦に影響をあたえた。

英空軍は爆撃作戦の大部分を効果の少ない昼間爆撃を避けて夜間爆撃に集中し、米航空軍は昼間爆撃を主力としていた。英国は電子戦の発達でマグネトロン（電磁管）を用いる精密な地上捜索レーダーも搭載されたが、夜間は工場よりも都市地区爆撃が大きな効果をあげ、米航空軍は昼間爆撃で工業地区や工場を頻繁に爆撃した。このような昼夜を分かたぬ連続爆撃はドイツ市民の住居と睡眠を奪い兵器生産に従事する労働者の生産性を大きく阻害し、加えて爆撃による家族離散は国民の士気を大きく減じた。それでも鉱山利用の地下秘密工場で兵器生産は続行されていた。

大戦が終了して米爆撃航空軍の乗員たちは、自分たちが身を挺して戦略爆撃で果たした貢献とは何であったのかを充分に分析評価すべきであると抗議した。これは、当時の戦争指導者たちが戦略爆撃の努力と効果が戦争に具体的にどのような影響をあたえたかについて正確に分析していなかったことが原因だった。これに比較すると地上軍は敵地の占領、海軍は海戦の勝利という具体例で示されるので戦果として充分に認識できたが、戦略爆撃はどこか漠然とした効果であり、具体的な事象に欠けるために正当な評価が得られなかったという理由は頷けるものがある。

連合国空軍の戦略爆撃で廃墟となったベルリンの中心部。下方はブランデンブルグ門で右手は官庁街

ベルリンを爆撃する米第8航空軍のB17爆撃機編隊

ドイツへ夜間爆撃行のために爆弾を搭載中の英アブロ・ランカスター爆撃機

フランスから爆撃機迎撃に向かう第26戦闘航空団のＦｗ190Ａ戦闘機

SNレーダー搭載の第3夜間戦闘航空団のBｆ110G夜間戦闘機

戦争最後の段階で登場したジェット戦闘機Ｍｅ262Ａ

第21話　魔女飛行連隊

●男性パイロットも敬意をもって接した――

世界最初の女性戦闘機パイロットは一九三七年に戦闘任務についたトルコのサビハ・ギョクチェンという人物とされているが、じつはもっと早く第一次大戦時にロシアの二人の女性が偵察飛行任務についていた。第一次大戦後の一九二五年に軍籍を有した世界最初の女性パイロットのジナイダ・ココリナもまたロシア人だった。

一九三〇年代のソビエトは空軍戦力の充実と予備戦力を確保するために「オソアビアヒム」と呼ばれる準軍事組織の航空訓練所を設けていた。この組織は独ソ開戦前年の一九四〇年にはソビエト全土一八〇ヵ所に拡大し、ほかに指導者専門の訓練所も数ヵ所あった。毎年、二万名以上の航空機乗員や降下員二万三〇〇〇名以上（18空挺部隊の始まり参照）、あるいは飛行整備士数千名が訓練を完了した。

女性たち数千名も男性同様に軍事訓練を終えて、のちにソビエト空軍（ＶＶＳ）へも入隊した。一九三八年に三名の女性飛行士がモスクワと極東のコムソモリスク間の長距離飛行を達成して英雄称号と勲章をスターリン首相から授与された。そのうち二名は一九三九年〜四〇年のソ・フィン戦争時に爆撃機を操縦して戦闘に参加している。

　一九四一年六月二十二日にドイツ軍のロシア侵攻が開始されると、ソビエト空軍飛行基地はドイツ空軍の奇襲によって莫大な軍用機を喪失した。だが、訓練を終えたパイロットの大部分が無事だったのは大いなる幸運であった。

　ドイツ軍が西ヨーロッパで電撃的に進撃する緒戦時、ソビエトで有名な女性パイロットのマリナ・M・ラスコワ少佐がVVS本部で女性飛行部隊編成の必要性を粘り強く説き、賛同を得て一九四〇年九月に三個女性飛行連隊が創立された。そして翌年十月中旬にラスコワ少佐自身が数千人の女性志願者の中から隊員を厳選して、モスクワの南東八〇〇キロにある訓練地へ列車で送り込んだ。

　女性隊員たちは主に大学生、一〇代後半から二〇代前半の年齢層で構成されていて、そのなかには航空ショーのパイロット、民間航空のパイロット、あるいはソビエト空軍の要員のほか、一部はすでに一〇〇〇時間以上の飛行経験を有するか準軍事組織ですでに訓練済みの隊員もいた。また、多くの志願者たちのためにパイロットとは別に複座機と爆撃機の女性航法士などの要員枠が拡大されて、教程をすませた女性たちは新設の三個飛行連隊へと配属されていった。

ソビエト空軍は一〇～一五機装備で一個飛行隊となり、三個飛行隊で一個飛行連隊を編成した。三～五個飛行連隊で一個飛行師団を構成したが、飛行連隊長の階級はおおむね少佐だった。全員女性による第五八六戦闘連隊と第五八七爆撃連隊、および第五八八夜間爆撃連隊（のちに第四六親衛夜間爆撃連隊と改称）となり、これが有名な「魔女飛行連隊」と称された。この三個飛行連隊の女性パイロット、航法士、地上員たち一〇〇〇名以上が大祖国戦争に従事して対独航空戦で活動した（地上部隊でも八〇万名以上の女性が軍務についている）。この三個飛行連隊の他の女性パイロットはソビエト空軍の防衛部隊（ＰＶＯ）へ配備され、ほかに輸送任務にも従事した。

第四六親衛夜間爆撃連隊（もと第五八八夜間爆撃連隊）は一九四二年五月から一九四五年五月まで、スターリングラード戦から黒海、ベラルーシ戦線、ワルシャワ、ベルリンへと戦闘を続行して二万四〇〇〇回以上の飛行任務についた。

この飛行連隊は複葉複座の開放式コックピットのポリカルポフＵ‐２という低速機装備で、夜間爆撃機としても有効に使用された。装備機のＵ‐２は一九四四年にポリカルポフＰｏ‐２と名称が変わるが、旧式機ではあるが、じつに三万機以上も生産され、練習機としても重用されたという事実には驚かされる。ＶＶＳ（ソ空軍）には多数の夜間爆撃飛行連隊があったが、この女性爆撃連隊が唯一Ｐｏ‐２を装備して、夜間に戦場を低空で飛び回りドイツ軍を眠らせない「嫌がらせ作戦」に用いられた。

Ｐｏ‐２には二二七キロ爆弾と機銃が搭載されて、前線に近い野原から離陸すると暗い夜の闇にまぎれて時速一五〇キロ以下で低空飛行を行なった。しかし、女性パイロットたちは物資不足と機載重量過多の二つに理由により重要な脱出用のパラシュートを装備することができず、一九四四年になってからやっと供給されたといった事情もあった。

夜間の編隊飛行は危険なために単機飛行任務についたが、典型的な「嫌がらせ作戦」の一回の出撃は三〇分から五〇分の飛行で一晩に連続的に一四回も作戦を実行した。各機は三～五分間隔で離陸するが、目標上空でドイツ軍のサーチライトがある場合は先に攻撃して破壊した。先行機が目標弾を投下すると、後続機がつぎつぎと飛来して高度三〇〇～九〇〇メートルから爆弾をドイツ軍陣地へ投下した。そして、ときにはエンジンを停止させて滑空無音により奇襲攻撃を行なった。

女性パイロットのニイナ・ラスポポワの回顧によれば、「テレク川の夜間橋頭堡攻撃で対空砲の命中弾を受けてコックピットが吹き飛ばされてしまい、機内の床を見ると大きな穴が開いていた。私の左足は操縦ペダルに反応せず左脚と左腕から熱い血が流れていたがなんとか着陸し、後席員も負傷していたものの幸いにも味方戦線へ帰ることができた」と語っている。そして、負傷から回復したラスポポワは数週間後にふたたび嫌がらせ飛行にもどっていった。

大戦後半になるとソビエト空軍はいくつかの理由により女性パイロットの正式な補充訓練を中止していたが、八〇〇回以上の出撃を記録した第四六親衛夜間爆撃連隊は、独自の訓練計画を実施して女性パイロットの補充を行なっていた。同飛行連隊の飛行参謀だったイリナ・ラコボルスカイアは「女性パイロットの補充は女性航法士から転換し、航法士は整備士から転換させた」と語っている。

第五八七爆撃連隊はのちに第一二五親衛爆撃連隊となり一一三五回の出撃記録を有して、スターリングラード、ドン戦線、北カフカス、ベラルーシ、リトアニア、ポーランド戦線で戦い二二名の女性パイロットを失っている。この部隊は優れた性能の新鋭のペトリヤコフPe‐2爆撃機を装備するために実戦参加が遅れて、一九四三年一月から作戦に投入された。しかし、本機の操縦には力作業並みの労力を要したので女性パイロットはかなり苦労したといわれる。そうしたこともあって訓練も延長されたほかに男性乗員も受け入れられた。

この第一二五親衛爆撃連隊の指揮官は女性飛行部隊創設に尽力したラスコワ少佐であった。最初の作戦は一九四三年一月のスターリングラード戦だったが、悪天候により分散して出撃した。このとき、ラスコワ少佐は三機編隊で悪天候下を飛行して僚機二機は不時着し、ラスコワ機は墜落してしまい同乗者ともども戦死した。このラスコワの死は大きな影響をあたえてスターリン首相が弔辞を送り、遺体はクレムリンへ埋葬された。

再編された第一二五親衛爆撃連隊の新しい飛行連隊長は男性指揮官のヴァレンチン・マルコフ少佐となったが、女性パイロットたちの信頼を獲得した。マルコフはのちに「女性飛行連隊は男性飛行連隊と比較しても何ら遜色はなく、強い忠誠心を持ち男性部隊と同じ退避壕に居住し同じ危険な飛行任務についた」と述べている。

第五八六戦闘連隊は最初に空戦に参加した女性部隊だが、他部隊よりもパイロットの熟練度が高かったので防空部隊（ＰＶＯ）へ送られた。部隊はヤク戦闘機（Ｙａｋ‐３、Ｙａｋ‐９）を用いて戦線後方地区の哨戒飛行に任じたが、のちに男性パイロットも配備されてロシア、ウクライナ、ハンガリーへと転戦した。同連隊は四四一九回の出撃で一二五回の空戦によりドイツ機三八機を撃墜している。

しかし、指揮官だったタマラ・カザリノワ少佐は隊員たちからの信頼が得られず指揮官変更が請願された結果、一九四二年九月に主導者八名が報復的に移動させられた。この指揮官更迭運動の指導者だったバレリーア・コムヤコフ中尉は同年九月二十四日の夜にドイツのユンカースＪｕ88爆撃機を撃墜したが、これは迎撃戦で世界最初の敵機を撃墜した女性パイロットとなった。しかし、もう一人移動されたパイロットのコミアノフカは二週間後の夜間離陸中に原因不明の事故で戦死し、他の数名のパイロットたちも移動後一年以内に戦死してしまい、これらの不可解な状況と謎はいまもって不明のままである。

この後、第五八六戦闘連隊は男性指揮官のアレクサンドル・グリドネフ少佐となったが、この連隊長はすぐに部隊員の信頼を獲得し、二名の女性パイロットが四二機編隊のドイツ爆撃機を迎撃して四機を撃墜している。また、スターリングラード戦線を視察した政治将校だったニキタ・フルシチョフ（のちのソビエト首相）搭乗の輸送機の護衛なども行なった。なお、第五八六戦闘連隊の女性パイロットが初めて昼間戦闘で敵機を撃墜したのは一九四二年九月十三日のスターリングラード戦線だった。

先の指揮官移動請願に参加した八名の女性パイロットの中のリディア・リトヴャク少尉とライサ・ベリアエワはスターリングラード戦が終わるとソビエト空軍に残置を願い出て第九と第七三親衛飛行隊へ移動し、一九四二年～四三年の空の戦いに従事した。「スターリングラードの白いバラ」と称されたリディア・リトヴャク少尉は（一説によると一二機撃墜とされる）観測気球破壊、三機の共同撃墜など女性パイロットのトップ・エースだったが、一九四三年八月に撃墜された。このほかにカチア・ブダノフカは共同撃墜四機で一九九三年になってから英雄の称号を授与されている。

ほかにも注目すべき女性パイロットは多かった。E・I・ゼレンコはソ・フィン戦争時のベテランだったが、一九四一年にドイツ戦闘機に体当たりして戦死した。V・S・グリゾドブワは一九三八年の長距離飛行パイロットで知られるが、第三一親衛爆撃連隊を率いて武装パルチザン部隊への補給に任じた。A・ティモフイーワ・エゴロワはイリューシンIℓ-2シュトルモヴィク襲撃機で活躍したが、撃墜されて負傷しドイツ軍の捕虜となった。

第二次大戦中のソビエト女性パイロットは男性パイロットと同じ任務につき、いくつかの差別的問題はあったが、おおむね男性パイロットたちに受け入れられて敬意を表された。これらの女性パイロットたちの活動の多くは独ソ航空戦史の一部であるが、大戦から七〇年以上経った二一世紀の現在は忘れられたエピソードの一つとなってしまった。

女性飛行連隊の提案者だったマリナ・ラスコワ少佐(先頭)

1943年2月、第46親衛夜間爆撃連隊のPo - 2爆撃機

「スターリングラードの白いバラ」リディア・リトヴァク少尉

第22話 ゴースト・アーミー

●最前線の味方を騙すほどの徹底ぶり――

通称「ゴースト・アーミー（幽霊部隊）」とは米陸軍第二三本部付属特殊部隊（欺瞞部隊）のことである。外見は通常の部隊であり、隊員たちも他部隊の兵士ととくに異なることもなく特殊な軍事技能がある訳でもなかった。しかし、彼らが戦場の前線や後方での裏方支援で成しとげた任務は歩兵部隊の激しい戦闘とはまったく異なるものであったが、勝利のための陰の力として大いに貢献したのは事実である。

一九四四年六月六日に連合軍最大の欧州大陸反攻ノルマンディ上陸作戦が実施され、英米軍が巨大な奔流となってフランス本土を進撃してドイツへ向かっていた。そんな反攻戦の流れの中で、北フランスの小さな村で数名のGI（米兵）がM4シャーマン戦車の前後を持ち上げて向きを変えていた。そこへ通りかかった二人のフランス人男性が怪訝そうに立ち止まり見ていると、M4戦車はGIたちに抱えられてひょいと向きを変えた。

そこで、ひとりのフランス人が
「あんたたちはここで何をしているんだい？」

と問うと、ＧＩが、

「戦車の移動だ！（It is movement of a tank!)」

と答えた。

びっくりしたフランス人があらためてよく見ると、それは空気で膨らませた本物そっくりのゴム製の偽戦車（ダミー）だった。じつは彼らは戦闘員ではなくゴースト・アーミー（幽霊部隊）の隊員だったのだ。

ゴースト・アーミーは第二次大戦末期の一九四四年一月にニューヨークとフィラデルフィアの美術学校から選別された兵士たち一一〇〇名からなる部隊で、隊員は美術家、イラストレーター、音響専門家、無線専門家などから構成されていた。彼らの役割は歩兵戦闘ではなく、一種の欺瞞部隊として巨大な米軍戦力と強力な部隊があたかも実存するように視覚、音響、雰囲気を醸成する戦術をもって、敵を心理的に圧迫することだった。

タイヤ・メーカーのグッドイヤー社で開発された特殊な折畳式のゴム製加圧（膨張）タイプの戦車、連絡機、トラック、装甲車、火砲、あるいは偽の通信装置、また、スピーカーなどの音響機器を効果的に使い分け、砲撃音や炸裂音、戦車の走行音などを発するトリックを行なった。そして、広い戦場の中にそっと溶け込んで、人目に触れないようにひそかに欺瞞活動を実施した。

連合軍はもちろんのこと、米陸軍内でも第二三本部付属特殊部隊の存在はほとんど知られることがなく、陰で貢献する部隊の秘密性から軍の関係者からゴースト・アーミーと称されたのである。実際に彼らは二〇回以上の秘密任務についた結果として、一万五〇〇〇名から三万名の将兵の生命を救ったと公式に認定されている。

この欺瞞部隊の存在が公式に明らかになったのは、イラストレーターの雑誌であるスミソニアン・マガジンの一九八五年四月号に当時の第二三本部付属特殊部隊のメンバーがゴースト・アーミーについて語ったからである。そして米陸軍と他のメンバーもこのストーリーを承認して傍証した。

もっともこのような欺瞞戦はかならずしも珍しいものではない。古くはトロイ戦争時のトロイの木馬もその一種であり、第一次大戦では英国がダミーのマークI戦車を登場させていた。

第二次大戦中期の一九四二年秋、北アフリカ戦線でロンメル将軍の指揮するアフリカ軍団が、英国の中東支配の中核であるエジプトへ迫っていた。ロンメルの進撃がエジプトのアレキサンドリアからカイロに達すれば、スエズ運河は奪われて石油資源を制せられることになる。ここで英国はアレキサンドリア港をドイツ空軍の爆撃から防衛するために、奇術師だったジャスパー・マースケライン中尉を長とするマジック・ギャングと称する特殊部隊を送り込んだのである。彼らはアレキサンドリア港に近く地形が良く似た海岸線にドイツ爆撃機が目標とする灯台を設けて偽誘導を行ない、アレキサンドリア郊外の砂漠地へ偽の英軍飛行基地を設けてドイツ空軍の爆撃を無効化した。

そのほか、北アフリカ戦線でドイツ軍と戦う英軍特殊部隊が、野戦トラックを利用した偽の戦車や装甲車の縦隊を砂漠地で砂塵を巻き上げて走らせ、強力な機甲戦力の来援と見せかけるなどの欺瞞作戦を多々行なった。こうした戦車や航空機、あるいは火砲などのダミー兵器はドイツ軍もかなり使用し、日本軍も組織的ではないが島嶼作戦時にいくつか用いた例もある。

ことに英軍の特殊作戦に触発された結果ではあったが、米軍の欺瞞部隊の存在は珍しいものだった。ゴースト・アーミーが用いる欺瞞用のM4シャーマン戦車は折り畳んでトラックに積んで戦場へ運び、目的地へ到着すると音響担当がスピーカーを用いて二五キロ四方へ聴こえるような戦場音を流した。こうして付近に連隊、旅団規模の部隊が集結しつつあるような雰囲気を醸し出して、敵の偵察部隊を騙す効果があった。

一九四四年一月のイタリアのアンチオ上陸戦では、戦力を大きく見せるためのゴム製のM4ダミー戦車が登場している。さらに、部隊の末端と上級司令部間で暗号化しない通常会話を欺瞞のために流すなど、数々のトリックを用いてドイツ軍を戦闘開始前に撤退させたこともあった。

ゴースト・アーミーの役割は秘密戦であり、隊員たちは任務も行動も敵にはもちろんのこと米軍内でさえ秘密にしておかねばならず、無論写真撮影も禁じられていた。そこで隊員の絵画家たちは欺瞞戦中に暇を見つけては周囲のスケッチに勤しみ、描かれた枚数は五〇〇枚以上となり、その構図の多くはフランス戦線の雰囲気を生み出したとされる。

ゴースト・アーミーの隊員は軍服に欺瞞部隊章を付けて、部隊トラックには幽霊部隊にお似合いな「足のない西洋おばけが盾の中に現われる」部隊章を描いて移動時に用いたが、部隊員以外は誰も本当の任務を知らなかった。欺瞞作戦が開始されると隊員たちは適当な部隊章を用いて戦闘部隊を装い、前線に赴いた。

ゴースト・アーミーはいくつかの重要な作戦を行なった。この欺瞞部隊の活動は英米軍のノルマンディ上陸地点をまぎらわしくするための壮大な規模の秘匿ボディガード作戦（38ボディガード作戦参照）の一部としても利用された。たとえば、ノルウェー方面への上陸を臭わすフォーティチュード・ノース作戦、また英仏間のもっとも接近した地点である北フランスのパド・カレーへ上陸するとするフォーティチュード・サウス作戦を推進する英国は、両欺瞞作戦に用いるための軍や軍団と戦車戦力の集中状況をドイツ側情報機関に認識させる策を講じ、同時に偵察機に撮影させて実証するためにゴースト・アーミーを用いたのである。

第二次大戦末期の一九四五年三月二十三日に米第九軍は、ドイツ本土へ攻め入るために最後の防衛線であるライン川渡河作戦（プランダー作戦）を実施した。ここでゴースト・アーミーは六〇〇両のダミー戦車を用いて、第七九と第三〇歩兵師団が戦場へ現われたと見せかける欺瞞任務につき、本物の戦車と加圧式のゴム製戦車を混合配置して強力な侵攻部隊の来襲を装った。

そして一一〇〇名の部隊を用いて五〇〇〇名以上の戦力を有する米軍旅団であるかのように演じて見せた。あらかじめ部隊の集結地で本物の戦車やブルドーザーによって、いかにも多数の戦闘車両が走行したような軌道跡を演出したりした。

この欺瞞部隊の出現はドイツ軍ばかりでなく米軍をも騙してしまい、別の米軍部隊がゴースト・アーミーをライン渡河部隊の一部と誤認して、となりに陣取って渡河作戦を実行しようとした。このとき、対岸のドイツ軍は強力な米軍に対抗できないと判断して戦闘を行なわずに撤退していったのである。結局、この地区の米上陸軍はライン川の全域で大きな抵抗に遭わずに渡河戦を行ない、対岸の斜面に橋頭堡を設けることができた。もっとも、ゴム製の装甲戦闘車両はパンクに弱かったと隊員が語っているのは興味深い事実である。

このゴースト・アーミーの活動は戦争終結から七五年後の近年になって、第四六代大統領ジョー・バイデンにより米政府の最高勲章である議会勲章の授与が認められた。現在、米陸軍の一両で四三五万ドルといわれるM１エイブラムス戦車のダミー戦車が準備されているが、そのコストはわずか一五〇〇分の一の三〇〇〇ドルである。

ゴースト・アーミーが用いたダミーのM4シャーマン戦車

欺瞞音を流すM3ハーフ・トラック上のスピーカーで到達範囲は25キロだった

ライン渡河作戦時の第二三本部所属特殊部隊のダミー戦車群と本物らしく醸成された履帯跡に注意

第23話　ドイツ空軍の衰退

●石油の不足は前線パイロットの技量に現われて――

第二次大戦三年目の一九四二年になって米国工業界がフル稼働を開始すると、連合国側の航空戦力は質量ともに大きく向上した。その巨大な生産力は莫大な資材を英国とソビエトへ絶え間なく注いで、対独戦を支えた航空戦力の増強が顕著だった。ドイツはヒトラーをはじめとする戦争指導部が戦争は短期に終了するという戦略的過誤により、戦時生産態勢が充分になされず、また他の多くの理由でドイツ航空機生産のピークが大戦五年目の一九四四年になり、連合軍の数的優勢を覆すことはできなかった。

熟練パイロットの消耗と未熟な補充パイロット、主力機の旧式化、航空燃料の欠乏などドイツ空軍が抱える問題はどれも深刻だった。加えて、英空軍、米陸軍航空軍が一九四三年からドイツ本土へ昼夜を問わず四発重爆撃機による戦略爆撃を開始し、やがて一〇〇〇機編隊へと規模を拡大して事態は一層悪化していった。

ドイツで増産された軍用機は自国上空の危機により半数以上が防空戦闘にまわされた結果、ロシア戦線のドイツ空軍機は実質的に増加することなく、損耗機を補充するだけで手一杯であった。大戦末期の一九四四年の記録を見ると、ドイツ空軍の作戦機の五〇パーセントがドイツ本土防衛に振り向けられたが、英米空軍は爆撃に向かう四発爆撃機梯団に充分な数の長距離戦闘機を多層式に張り付けるという効果的な護衛体制の構築により制空権を確保した。

多種の軍事歴史書によればドイツ空軍は「撃滅」されたと記述されているが、その防空努力は連合国空軍にも多大の損害を強いていた。一九四四年の後半六ヵ月間にドイツ軍全戦線では毎日平均二〇〇〇機の各種ドイツ空軍機が活動していたが、ロシア戦線では戦闘機に限ってみれば四〇〇〜五〇〇機に過ぎず、あらゆる面でソビエト空軍に凌駕されていた。同様に西方戦線でも英米空軍機は質量ともにドイツ機を上回っていた。

ことに重要なのは燃料が欠乏してドイツ空軍は新たなパイロットを充分に訓練することができず、未熟な補充パイロットばかりだったという事実があった。削減されたドイツ空軍パイロットの飛行教習時間は連合軍パイロットと比較すると三分の一の訓練時間となり、質的問題は戦力的問題となっていた。

大戦初期のドイツ軍は戦車を先鋒とする機械化部隊と空軍力を一体とした軍事力を世界へ誇示したが、じつはつねに燃料不足という見えない深刻な弱点も包含していた。ドイツが直接運用できた主要な石油の獲得源はルーマニア油田であり、実際にドイツ軍の消費量の四〇パーセントをまかなっていた。残りの多くが石炭を石油化（いくつかの方法がある）する人造石油であるが、設備が複雑で巨大な費用がかかった。この人造石油はドイツでは早くも一九二七年にドイツ東部のロイナで年産一〇万トンが生産され、大戦中は五ヵ所の人造石油工場の稼働により年産一五〇万トンの生産を行なっていた。しかしこれは戦場で必要な量の一部でしかなかった。

一九四四年八月、ソビエト軍の侵攻でルーマニア（プロエシチ）の油田が失われると、ドイツ軍が半身不随になるという重大な局面を迎えた。

このために戦車や航空機燃料が逼迫して装甲戦闘車両と航空機乗員の訓練も大きく縮小せざるを得ず、ついには出撃も最小限になるという作戦上の大きな制約を受けることになった。この状況はすでに一九四三年後半にソビエト軍が大反撃に転じたときから、ずっと続くものだった。ソビエト軍の反撃による燃料施設の喪失は防御戦闘を行なう巨大なドイツの兵力を支えるには綱渡り供給となり、とくに重要な軍用機と装甲戦闘車両が大口の燃料消費者であり大きな悪影響を被った。

一九四三年以降のドイツ軍用機と戦闘車両の生産は遅ればせながら二倍に上昇し、一方で兵員拡充も行なわれ、翌年には兵器生産がピークを迎えて前年の五〇パーセント増（とくに装甲戦闘車両）となったのである。ドイツ本土防衛の要である航空機生産も一九四三年比較で二倍に上昇したが、石油の生産は増加することはなかった。

第二次大戦中のドイツの精製石油生産は戦前の一九三三年時は八〇〇万トン、一九四〇年は六七〇万トン、一九四一年は七三〇万トンだったが、一九四四年夏にルーマニアの油田が失われると同年末にストックはわずかに四〇万トン以下に急落した。ちなみに米国は一九四二年に一八四〇万トン（ドイツは七七〇万トン）、一九四三年に二〇〇〇万トン（同八九〇万トン）、一九四四年は二二三〇万トン（同六四〇万トン）だった。

前線ではつねに在庫燃料維持と管理を行ないつつ、必要に応じて部隊を機動させねばならず、かたや製油所から前線へ燃料が届くには輸送手段にもよるが時間差があった。たとえば、前線部隊で一〇〇万トンの燃料が必要となれば保有燃料は五〇パーセントであり残りの五〇パーセントは輸送中ということになる。こうした背景により一九四四年の最後の半年の機動は部隊の在庫燃料しだいであった。一九四四年中の圧倒的に優勢な連合国空軍機がドイツの燃料輸送を阻止するのを主な戦術目標とした結果、前線部隊への燃料不着となり、相当な戦力の航空機や装甲戦闘車両が稼働できなかった。

補充パイロット（装甲戦闘車両の乗員も同様）は実戦的な飛行訓練減少で技量未熟となり、多くの作戦計画が燃料不足の影響を強く受け、あらゆる軍事行動において、つねに燃料を減ずるような計画に変更しなければならなくなった。戦争にどうしても必要な核心的な一部の機材の輸送にはトラックが用いられたが、優先度の低い自動車化部隊の四分の三が馬挽部隊となっていたのが現実だった。

ドイツ空軍は燃料不足により哨戒飛行や爆撃機迎撃作戦を常時遂行することができず、レーダー探知によりベルリン爆撃や重要な軍需企業の爆撃といった場合のみ迎撃するという選択を余儀なくされた。付言すれば、一九四四年末から翌四五年一月にかけて実施されたヒトラー最後の攻勢となった「ラインの守り作戦」では、地上軍はもとより「ボーデンプラッテ作戦」という連合軍空軍基地を急襲するドイツ空軍も最後の備蓄燃料を消費してしまった。

ドイツ空軍では一九三九年以降、しばらくは二四〇時間の飛行訓練によりパイロットを実戦へ投入した。これにくらべて英空軍は当初二〇〇時間であり、ソビエト空軍はさらに少なく、ドイツ空軍の飛行訓練が優れていたことが分かる。これが一九四二年後半になるとドイツ空軍は二〇五時間に減じてしまい、反対に英空軍は二四〇時間に増加され、米陸軍航空軍は二七〇時間の飛行訓練を行なった。一九四三年夏の段階で英空軍は三三五時間となり、米陸軍航空軍も三二〇時間となった。そして、ドイツ空軍はまったく余裕がなくなってしまい、わずか一七〇時間に減じられた結果、実戦場での技量の差として大きなハンディキャップとなった。一年後の一九四四年夏以降になると、ついにドイツ空軍のパイロットは一一〇時間で前線へ送られ、英国は三四〇時間、米国は三六〇時間と三倍になり、この見えない差は航空戦において決定的となったのである。

1943年８月、ルーマニアのプロエスチ油田を爆撃する米第376爆撃グループのＢ24爆撃機

ドイツ・ロイナの人造石油生産工場だが設備が複雑でコストが高くついた

ドイツ空軍の飛行訓練、ハインケルHe51複葉機を用いている

英空軍の練習機は米国製のノース・アメリカン・ハーバード・マーク1

米国の飛行訓練学校と使用機のフェアチャイルドPT－19練習機

日本陸軍航空隊の立川九五式練習機(通称赤とんぼ)

第24話 ボーア博士の脱出

●ビール瓶に潜ませた重水素の行方は——

デンマーク人のニールス・ヘンリク・ダヴィド・ボーア博士（一八八五年～一九六二年）は世界でもっとも著名な理論物理学者の一人だった。博士は一九一三年に二八歳のときに有名な「ボーアの原子模型（量子力学の先駆けである前期量子論）」、一九二二年に三七歳のときに「原子構造と放射」の研究でノーベル物理学賞を受賞したが、ボーアの量子論とアルバート・アインシュタインの時間と空間を論じた相対性理論はともに物理学の二本の柱とされる。

第二次大戦前の一九三九年、ボーア博士が発表した「原子核分裂予想（ウラン235）」は原子爆弾開発上の重要な根拠とされたが、博士自身は危険な兵器の国際的管理をつねに訴えていたが成就しなかった。一九四一年春にナチ・ドイツによりデンマークが占領され、ボーアの母がユダヤ人（ドイツはユダヤ人排斥を行なった）だったが、ドイツの戦争継続上の有用な協力者とみなされて、核（原子力）研究の続行を許可された。その一方で、ドイツ側も一九三九年に同じ量子学の分野で知られるヴェルナー・ハイゼンベルグ博士を中心としてウラン・ヴェレイン（ウラン・クラブ）による核研究が実施されていた。

一九四三年になると、連合国は当時すでに五八歳になっていたボーア博士がドイツ側に原子爆弾製造に利用されるのを阻止することと、原子爆弾は連合国側でこそ必要だという理由で、本人の承諾を得てデンマークから救出する作戦を立てた。博士はそれまでもしばしばレジスタンス組織から英米への脱出を求められていたが、「どうして私がこの国を去らねばならないのか、去るのは彼らドイツだ」としてなかなか応じなかった。だが、デンマークのドイツ占領軍は核研究のためにボーア博士と家族をドイツへ移送するという決定を下した。この情報がレジスタンス組織により英国へもたらされると急遽、隣国の中立国スウェーデンへ脱出することになった。

一九四三年九月三十日、数名のドイツ兵がボーア博士を拘束するため自宅へやってきた。ドイツ兵が玄関口に立っている隙に、ボーア博士は素早く冷蔵庫から重水（原子炉の減速剤）が入ったビール瓶を持つと脱出行動に出た。外では救出作戦を援護していたデンマークのレジスタンス数名が脱出時間を稼ぐためにドイツ兵へ発砲して銃撃戦となる中で、ボーア博士は妻のマルガレタと息子のアーゲをともなって自宅から逃れることができた。

ボーア博士たちはコペンハーゲン市内でレジスタンス組織の一員だった生物学教授と会同して、スウェーデンへの脱出を打ち合わせた。そして、彼らはコペンハーゲン郊外のレクレーション海岸へと向かい搬送漁船が来るまで二時間ほど待つと、ドイツ軍哨戒艇の航行時間を熟知するレジスタンス組織の漁師によってスウェーデンの小村へ運ばれて、妻は村に匿われた。ボーア博士は首都のストックホルムへ赴き、国王と面会して公式に難民として受け入れられることになった。

だが、ドイツの秘密警察や情報機関員が送り込まれていたスウェーデンもボーア博士にとって決して安全とはいえなかった。そこで英側からの英国か米国に渡ることが最も安全であるという提案に博士は同意して、息子を同伴することになり、親子を英国へ運ぶ手段が検討された。秘密飛行場はドイツ占領下のノルウェー国内と決定され、ドイツ機に攻撃されたとしても脱出できる高速のモスキート戦闘爆撃機を派遣することが選択された。

一九四三年十月七日、ボーア博士はレジスタンスたちが支援するノルウェーの秘密滑走路で待機し、英国から飛来した爆弾倉を要員輸送用に改造したモスキート戦闘爆撃機に搭乗した。モスキートは時速六〇〇キロで一二〇〇キロ先の北スコットランド

まで二時間で飛行したが、

博士は高空飛行のために準備された酸素吸入装置の故障により飛行中に意識不明におちいった。これに気づいたパイロットは機体を急降下させて酸素濃度の高い超低空飛行により、なんとか生存状態で北スコットランドへ着陸した。このときボーア博士は、手にしっかりとビール瓶を握ったまま病院へ運ばれていったが、幸いにも一命をとりとめることができた。

デンマークから救出されたボーア博士はロンドンへ運ばれたのちに、英国のチャドウィック博士と会い合金計画（英国の原子爆弾開発に関する秘匿名）の説明を受けると、英国の任務の一環として米国が進める極秘の原子爆弾開発のマンハッタン計画に参画するために息子とともに米国へ送られた。しかし、安全上の理由でボーア博士はニコラス・ベーカー、息子はジェームス・ベーカーと偽名を名乗った。

マンハッタン計画はすでに大きく進展していて、その成果は博士の研究域を上回っていることが分かった。しかし、原子爆弾の父と呼ばれるロバート・オッペンハイマーはボーア博士については、パズルのような中性子イニシエーター（起爆装置）開発など技術的な多大な貢献と若い科学者への啓蒙面を高く評価している。また、ボーア博士自身は「原子爆弾完成に私自身の助力は必要なかった」と淡々と述べている。

ところで、後日談であるが、ボーア博士が自宅の冷蔵庫から取り出して必死に運んできたビール瓶の中身は重水ではなく、じつは本物のビールだったことが判明している。

物理学者のニールス・H・D・ボーア博士

マンハッタン計画のウラニューム濃縮プラント

第25話　アンドレアス作戦

●偽ポンド紙幣は戦後も暗躍したのか――

第二次大戦における両陣営の激しい対立は、戦場における戦いだけではなかった。相手国の経済攪乱を意図した流通通貨の贋造も、また戦争の一つの形態だった。アンドレアス作戦（アンドリュー作戦）とはドイツが主敵英国を相手にして実行された、大量の偽造英紙幣を広範囲に流通させて世界的な通貨信用を下落させようとする秘密経済作戦名である。

ヒトラーの護衛隊から発展した親衛隊（ＳＳ）はハインリッヒ・ヒムラーに率いられて巨大な組織となり、ベルリンの親衛隊中央本部に所属する指令塔ともいうべき一二の本部があり、そのひとつだったＲＳＨＡ（帝国保安本部）は悪名高いラインハルト・ハイドリッヒの指揮下に置かれ、下部組織に保安課報局（ＳＤ）があった。

アンドレアス作戦の首謀機関はこのＳＤだったが、大戦初期の一九四〇年初めに第六外務局の謀略担当のアルフレート・ナウヨクスＳＳ少佐が贋造作戦を発案して当初アンドレアス作戦と呼ばれたが、これは英国旗ユニオン・ジャックの図柄であるセント・アンデレ十字に由来していた。

贋造研究チームは英国製の使い古した紙を用いて本物に近い紙幣に浮かびあがる彫刻線と通し番号を解析、そしてアルファベットの組み合わせがアルゴリズム（演算規則）にもとづくものとする段階へと進んだ。ここで上司のハイドリッヒは粗暴なナウヨクスを好まず一九四二年初めに計画はいったん中止されたが、ワルター・シュレンベルグがＳＤの責任者となった同年末に、親衛隊の情報活動のための資金とするという目的を含めて贋造計画が復活した。

この計画の実行役はベルンハルト・クリューガーＳＳ大尉（まもなく少佐）となり、ザクセンハウゼン強制収容所内のユダヤ人技術者を良い条件で勧誘して同所内に贋造施設を設け、少佐の名をとってベルンハルト作戦と称した。計画では当時の世界の基軸通貨だった英貨で一億三〇〇〇万ポンド（一九九〇年代の米ドル換算で一・五億ドル～三億ドル）を、もっとも流通量の多い五ポンドと二〇ポンド偽札を大量に印刷して中立国から英国へ還流し流通させて、国内の経済混乱を誘う方針だった。加えて親衛隊の海外での情報戦におけるスパイなどの報酬にもあてようとしたのである。

クリューガーＳＳ少佐はＳＤ第六部Ｆ４ａ課長で謀略戦の実行に必要な運転免許証、

パスポートなど証明書類の偽造作成の専門家だったが、紙幣の偽造では多くの問題に直面した。とくに英国紙幣は透かしを含めて精巧を極め、原版の制作と英国銀行券と同質の紙の調達に壁があった。とはいえ国家を背景とする偽造作戦であり、すでに印刷所を含む偽造施設を持ち、製紙会社とドイツ帝国銀行の協力もあり成功の可能性は高かった。

クリューガーはいくつかの専門チームを設けて部門ごとに問題解決を図り、一歩一歩解決へと近づいていった。あるチームは英国銀行券の写真撮影と複写を行ない、彫金師は重要な技術者で戦前の贋造職人を起用した。またあるチームは紙幣の紙質分析によって汚れたトルコ製のボロ布から紙幣に極似の紙を制作した。インクの色調やシリアル番号などは他のチームにより逐次解決してゆき、強制収容所内の印刷所はユダヤ人収容者の手で稼働させた。

もっとも重要な贋造原版の作成を担当したのはザロモン・スモリアノフというユダヤ人である。彼は一九二七年ころに英国通貨の原版偽造歴のあるこの道のプロだったが、ベルリンで証明書や絵画の偽造容疑で逮捕されマウトハウゼン強制収容所に収容されていたが、クリューガーSS少佐によって採用されて偽造グループの原版制作の責任者を務めた。このスモリアノフは生き延びてのちに米軍の捕虜となるが、余生をブラジルで送ることができた。

そして、つぎに重要だったのがユダヤ人のアドルフ・ブルガーという人物だった。ブルガーは一九一七年八月にチェコのタトラ地区で生まれ、一四歳で地元の印刷所の植字工として経験を積んだ。第二次大戦が始まり一九四二年にスロバキアでユダヤ人の追放があったが、ブルガーは特殊技能が国家経済に有用だとして残された。しかし、対独レジスタンス組織に依頼されてドイツに許可されていたローマ・カトリック信者を立証する偽造証明書の印刷をしていたことが暴露してドイツ保安機関に摘発され、アウシュビッツ強制収容所へ送られて輸送されてくるユダヤ人の選別地で働いていた。

それから一年六ヵ月後にブルガーはベルンハルト作戦を遂行する九名の要員の一人としてクリューガー少佐に採用された。そして一九四四年四月にザクセンハウゼン強制収容所へ移されて貨幣偽造チームの一員として、囚人番号64401（ブルガー）は「金の籠」と呼ばれる秘密の隔離施設で偽造紙幣の原版制作に従事した。

ブルガーによれば、製紙会社とドイツ銀行の協力があったが紙幣の透かしと一連の通し番号の分析が難しかったと述べている。また、贋造グループの待遇は効率向上のために悪くはなかったとも語っている。このブルガーも戦争の混乱期を生き延びて米軍捕虜となった後に釈放されてチェコへもどったものの、共産党による粛清対象になって苦労するが、のちにプラハ市のタクシー会社の役員となり、『64401の番号の下で』という著作により自己の数奇な体験を詳述した。一九七〇年になってから再度自叙伝を刊行するが二〇一六年に九九歳の高齢で世を去っている。

ところで、印刷のすんだ偽造紙幣は仕上がり具合により三段階に選別された。もっとも精度の高い紙幣は中立国経由で戦争遂行に必要な資材購入にあてられ、また、ドイツのために働く外国人情報員の報酬としても用いられた。それよりやや精度の落ちる中クラスの偽造紙幣は備蓄に回され、もっとも低い精度の紙幣は破棄された。

このベルンハルト作戦で正確にどのくらいの英国通貨が印刷されたのかは不明であるが、偽造の目的どおりに英国の経済を混乱させることはできなかった。もっとも、英国経済の規模からしても一億～三億ポンドという規模の偽造では経済混乱を起こすのに充分な額ではなかったが、一方で親衛隊は贋造紙幣を様々なルートで流通させて情報戦に役立てた。

一九四三年秋に失脚してアペニン山脈の山荘に幽閉されていたイタリア・ファシスト党の統領ベニト・ムソリーニの救出作戦時の情報収集の報酬として支払われたほかに、スイス、スウェーデンといった中立国内での情報獲得の報酬にもあてられていた。

興味深いことに一九四四年末にトルコの駐英国大使の運転手だったアルバニア人の

エリアス・バズナという人物は「キケロ」と呼ばれたドイツ側のスパイであった。バズナは身近な英大使の機密書類を撮影してドイツ側へ引き渡していたが、その巨額報酬である三〇万ポンドは偽造紙幣で支払われたために戦後になって紙切れとなってしまった。

贋造グループはドイツ敗戦直前の一九四五年初期に連合軍の進出によりオーストリアのザクセンハウゼン強制収容所からレドル・ツィップフの鉱山トンネルへ移動し、さらにエベンジー強制収容所へと移った。そしてドイツ敗戦とともに印刷機、原版など一切の偽造証拠と残存する贋造紙幣は木箱に入れられてオーストリアのトプリッツ湖とグリュンドルゼー湖に投棄されたが、後に一部が引き上げられて極秘であったベルンハルト作戦の事実が立証されたのである。

一九四五年五月七日にドイツは連合国に降伏するが、この偽造紙幣はナチ高官や親衛隊幹部らが中南米やアフリカへ逃亡する際の資金にもなったといわれている。余談だが、ベルンハルト作戦が成功した後に偽造に関わったユダヤ人彫金師、化学者、印刷技術者らの生命を救うために、クリューガーSS少佐は米経済攪乱のために引き続き米五〇ドルと一〇〇ドル紙幣の偽造計画を進めてドル紙幣の偽造に成功したが、紙幣のシリアル番号はまだ解析中であった。

戦後になり贋造紙幣は生き残りユダヤ人のイスラエルへの逃亡資金、そしてアルゼンチンで一九六〇年代から七〇年代における対共産主義者弾圧資金もこのベルンハルト作戦の関係者の指導で偽ポンド紙幣が使用されたとされる。英国では大戦終結から偽札流通の噂が流れたために、イングランド銀行は贋造と本物を問わず、もっとも流通量の多い五ポンド紙幣のすべてを回収処分して英貨の信用回復に努めなければならなかった。

親衛隊の英貨贋造作戦を指揮したベルンハルトＳＳ少佐と偽造20ポンド紙幣

英ポンド貨幣偽造作戦を推進したＲ・ハイドリッヒＳＳ少将(右)と謀略担当のＡ・ナウヨクスＳＳ少佐(左)

英貨贋造計画を復活させたW・シュレンベルグＳＳ少佐(のちにＳＳ少将)

英貨贋造アンドレアス作戦が行なわれたザクセンハウゼン強制収容所

贋造作戦に加わった若き頃のA・ブルガー。戦後に自叙伝で数奇な運命を語っている

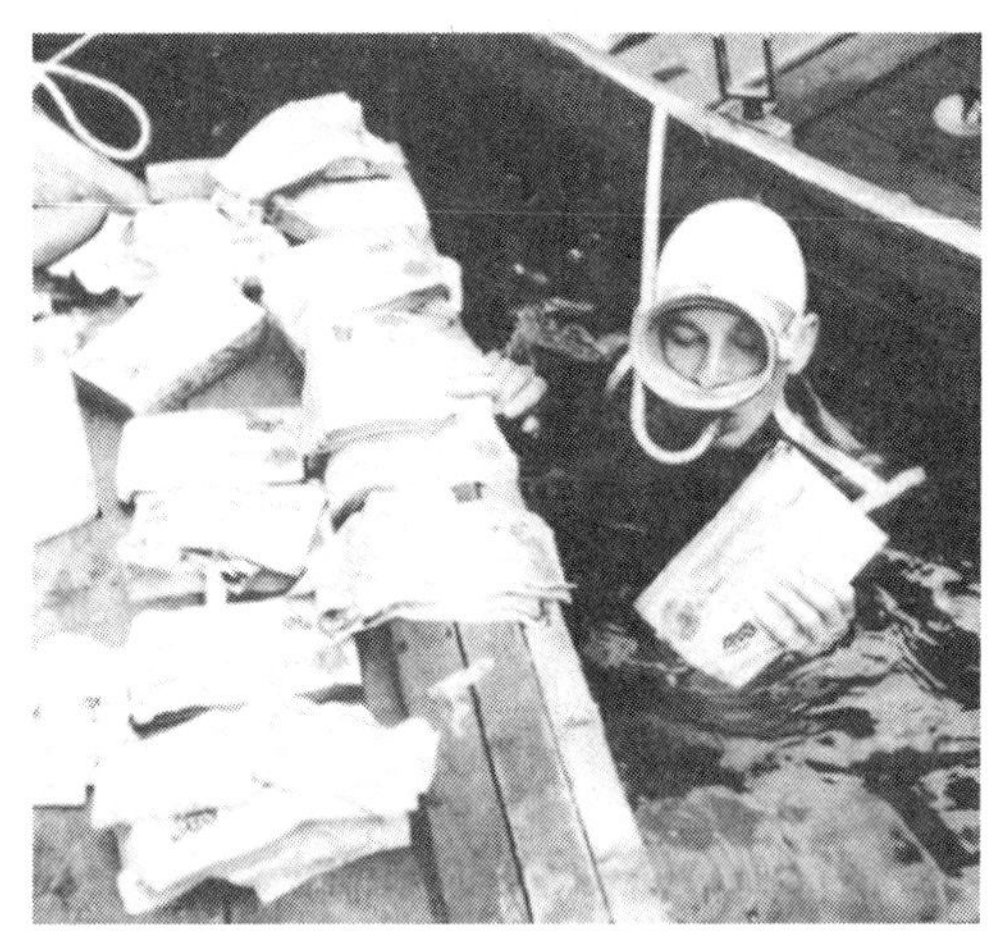

オーストリアのトプリッツ湖から引き揚げられた大量の贋造紙幣

第26話　V2ロケット・ニューヨーク攻撃計画

●現代のSLBM（潜水艦発射弾道ミサイル）の起源――

今日の大陸間弾道弾、あるいは宇宙ロケットの元祖はドイツの有名なV2（Vはドイツ語のフェルゲルトゥングワッフェの頭文字で報復兵器2の意味）ロケットである。一九二七年からドイツ宇宙旅行協会で始まった宇宙ロケットの研究は、ヴァルター・ドルンベルガー少将の率いるドイツ国防軍陸軍兵器局の管理下に移されるが、宇宙旅行をライフワークとする若きヴェルナー・フォン・ブラウン博士らを中心にして発展していった。一九四三年にはドイツ北部のペーネミュンデ陸軍実験場でA4（アグレガット4）として実用化の段階に至った。

このロケットはヒトラーにより対英報復兵器として用いられて大戦末期の一九四四年八月からロンドン攻撃に投入されたが、突然に空から音もなく落下して搭載した一トンの爆薬が炸裂する秘密兵器としてロンドン市民に多大な恐怖と衝撃をあたえた。A4ロケットはゲッベルスの率いる宣伝省により報復兵器2号（V1は正式にはF・i

103で間欠ジェット・エンジン搭載の無人飛行爆弾）と命名されて一般的呼称となった。

V2ロケットは一九四四年一月から生産が開始されて、一九四五年三月までに六九一六発が生産された。そのうち発射に成功したのは三二二五発で四七パーセント、主目標はロンドンであるが一三五九発が到達（他都市へ四四発）した。成功率は発射数の四二パーセント、生産数に対してなら二〇パーセントであり、ロンドンへの爆弾投下換算では一四〇〇トン相当であった。つぎの主目標は連合軍の補給港であったベルギーのアントワープとリェージュで発射成功は一六九六発であり、成功率は発射数に対して五三パーセント、生産数に対しては二五パーセントであり、残りはフランスのパリなどへ発射された。

一九四五年二月十三日から十五日にかけての英米空軍一三〇〇機によるドレスデン爆撃で四〇〇〇トンの爆弾が一日で投下された事実をみれば、爆撃機による空爆の方が威力あったといえる。それでもV2ロケットは大きな潜在性を秘めた未来兵器であり、今日の宇宙ロケット、大陸間弾道弾、あるいは威力ある超音速誘導弾が実現したことでこのことは立証できるのである。

ところで、このV2ロケットの開発を行なったペーネミュンデのロケット実験研究所の中心人物だったフォン・ブラウン博士とともに働いていたのが科学者のエルンスト・シュタインホフ博士（戦後に米国へわたる。27ペーパークリップ作戦参照）である。博士にはフリードリッヒ・シュタインホフという弟がいて、ドイツ海軍のUボート（潜水艦）艦長として長距離用大型潜水艦IXC型のU511を指揮していた。なお、この艦は哨戒作戦で四万一〇〇〇トンを撃沈する殊勲艦となり、後の一九四三年五月に日本へ派遣されて無事三ヵ月後の八月七日に呉軍港へ到着するが、同年九月にヒトラーの贈呈品として日本海軍の艦籍に入って呂五〇〇潜水艦となった。

この二人の兄弟はかつてロケットを潜水艦から発射するアイデアを話し合ったことがあった。一九四一年にペーネミュンデ実験場で地上戦用の口径三〇センチ集束ロケット（六発装塡のネーベルヴェルファー42ロケット発射筒）発射装置が開発されたのを機に、一九四二年五月にU511の艦上と潜航中の深度一二メートルからの水中発射実験（ウルセル・プロジェクト）が行なわれて、発射装置にいくつか問題がみられたが無事に成功した。

本来のドイツ海軍の目的はロケットで輸送船団の護衛艦を攻撃する意図であったが、無誘導では効果が少ないとして断念された。こうした状況の中でV1飛行爆弾とV2ロケット誘導弾の水中発射計画が生まれたといえる。しかし、V1飛行爆弾は空軍の管轄でラム（間欠）ジェット方式で飛行距離が短くて遠距離攻撃に向かず、またV1

を管轄する空軍は海軍のUボートからの発射案を拒否して実現しなかった。

V2ロケットは陸軍の管轄であり、高度二〇〇キロの高空を飛行して落下するロケット兵器である。折からペーネミュンデでV2ロケットの発射実験を見たナチ党で労働戦線を率いる幹部が、V2ロケットを特殊な格納筒に収めてUボートで潜航牽引し、英国あるいは北米のニューヨーク沿岸三〇〇～四〇〇キロ沖で浮上し海上発射する案の実現を求めた。

これはラフファレンツ（LAFFARENZ）計画と呼ばれ、その実験はプリュフシュタント12（発射実験台12）という秘匿名称でペーネミュンデ陸軍実験場で研究が進められた。しかし、大戦末期の一九四四年末まで具体的計画としては進展しなかった。

これは計画によれば、Uボートは格納筒を海上牽引するが、それはV2を収める容量五〇〇トンでロケット形状をした長さ三二メートルの水密格納筒で水流安定用の翼が付けられた。巨大な筒の下方に制御室と推進燃料である液体酸素の格納区画が設けられる。このV2ロケット格納筒を牽引するのは最新鋭の大型21型エレクトロ・ボートで三基の格納筒を潜航しながら牽引するが二基にV2ロケットを格納し、もう一基はV2ロケット燃料とUボートの帰路燃料を積載する。このUボート21型は水上排水量一六二一トン／水中一八一九トン、水中速力一二〜一五ノット（時速二二・三〜二八キロ）、多数の蓄電池を搭載して長時間潜航が可能な電動艦だった。

Uボート21型は洋上航行と潜航を繰り返して、目標海域に至れば浮上して牽引格納筒にすばやく乗員二名が乗り移り、格納筒の弁を開放してバラスト・タンクに海水を導入すると格納容器は垂直となる。ロケットは発射体制となり格納筒とUボート間に電源が接続されて要員は制御室へ入り、ジャイロ誘導装置を調整して自動開放式の発射口を開くが、発射時のロケット噴射煙はダクトを用いて上方から海上へ放出される。すべての発射準備が整えば要員はUボート艦内へともどり、V2は遠隔操作によって発射される。

この計画が進められていた一つの証拠として一九四四年十二月に三種の格納筒の試作品がフルカン・ヴェルフト造船所に発注されて一基が完成したといわれている。また、発射計画がブローム・ウント・フォス社にも要請されたが、ドイツ敗戦の混乱期であり実験は実施されなかった。

また、米国はV2ロケット攻撃を想定してティア・ドロップ（涙滴）作戦を準備して、大西洋を米国へ向かって進むUボートの警戒と反撃態勢が完了していたが、実際のところ当時のレベルではロケット攻撃の実現性は低かった。

戦後の一九四七年〜一九五一年にかけて、米潜水艦クスク（ＳＳ348）とカーボネロ（ＳＳ337）がドイツから接収したＶ１飛行爆弾を艦上と水中発射に成功し、米空母ミッドウェー（ＣＶ41）甲板からの発射実験も実施した。他方、ゴーレム－１（ＧＯＬＥＭ１）呼ぶ潜水艦牽引コンテナからＶ２ベース・ロケットの発射実験も行なわれ、当時は荒唐無稽と見られていたドイツのラフファレンツ計画は、今日のＳＬＢＭ（潜水艦発射弾道ミサイル）の源流となったのである。

ペーネミュンデにおける驚異のロケット兵器V２の発射実験、現在の長距離弾道弾の原型である

U511（潜水艦）上で初めて行なわれた陸上戦闘用の30センチ・ロケット弾の艦上発射実験

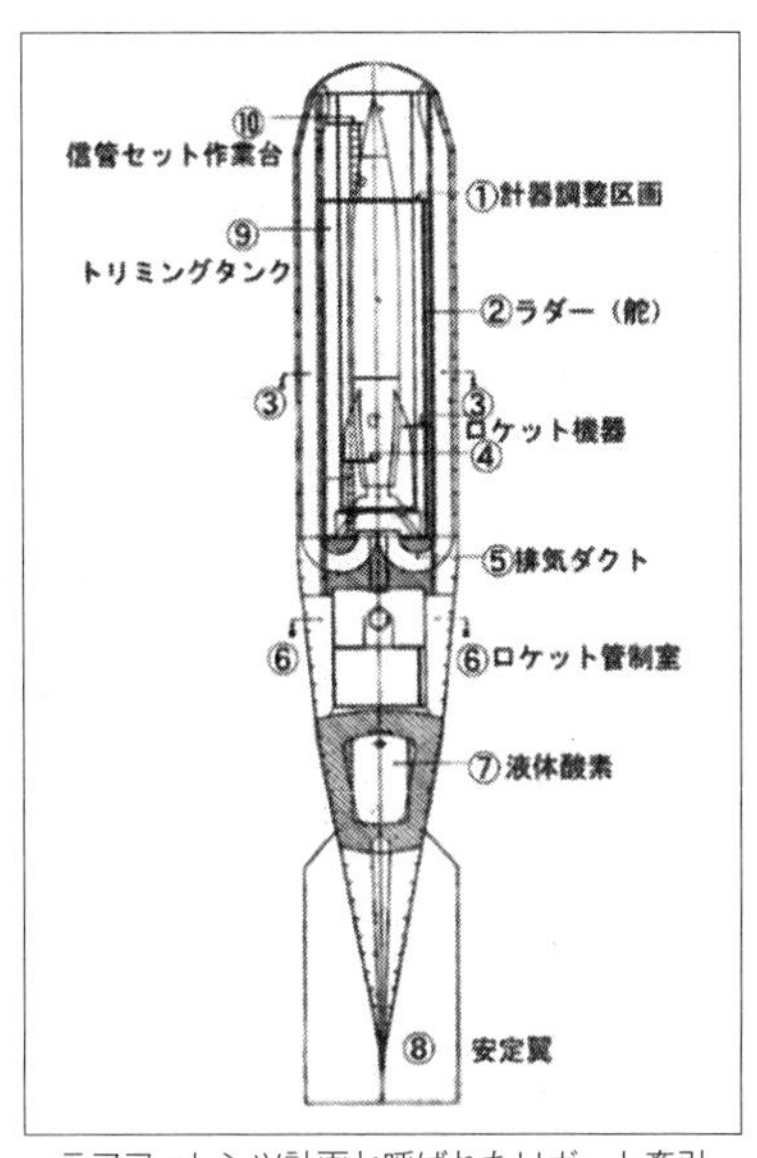

ラフファレンツ計画と呼ばれたUボート牽引による500トン型のＶ２ロケット洋上発射格納筒の予想図

第27話　ペーパークリップ作戦

●国益のためには過去は問わない――

まだ第二次大戦がたけなわの一九四三年に米国である計画が始動した。それはALSOS（アルソス）調査団と呼ばれる科学者の一団の呼称であり、彼らは一九四四年夏に欧州大陸反攻であるノルマンディ上陸戦を行なう連合軍部隊とともに西欧州の戦場へ派遣された。彼らの任務はドイツの秘密兵器、生物、化学、原子力などの分野における先進研究を探って米国へ持ち帰ることだった。

当初、アルソスのメンバーはドイツに協力したイタリア、フランスの科学者から情報の獲得を試みたが、彼らの知識範囲は秘密計画とは程遠いものだった。

アルソス所属のあるグループは一九四四年六月のノルマンディ上陸戦後に、フランスのアルザス地方のストラスブールでの戦闘中に大きな手がかりを得た。オランダ生まれの科学者サムュエル・ゴウドシュミットという人物が、ドイツ人科学者のオイゲン・ハーゲン博士の生物兵器研究を手伝ったことがあると語ったからである。

ハーゲン博士は豪華なアパートに多くの書類を残して逃亡していた。ゴウドシュミット博士とアルソスのメンバーは蝋燭に火をともして一晩がかりで残された書類を読み通すと、ある書類にハーゲン博士が送った手紙の写しがあった。それには、「捕虜一〇〇名のうち輸送中に一八名が死亡し、一二名だけが実験に適している。さらに二〇歳から四〇歳までの健康な兵士一〇〇名を追加送致して欲しい」と書かれていた。

この文書により、ドイツがペースを上げて生物、化学、核兵器の研究に進んだ状況が示されていた。これを足がかりとして糸を手繰り寄せながら、アルソスのグループはさまざまなドイツの秘密兵器と科学者を探り出してゆくのである。そして多種の計画に関係する科学者のリストと付属メモを作成したが、その目的はドイツの科学者たちの戦争犯罪を証拠立てるのではなく、尋問により貴重な蓄積情報を獲得することにあった。このように米国はナチ・ドイツが発明した秘密兵器の情報を入手することに大きな関心と努力を早くから払っていたのである。

無論、米国と同様に英国とソビエトもまたドイツ科学と進んだ技術（とくにロケット兵器と航空技術）の獲得に大きな関心を寄せて、ドイツ人科学者の確保に奔走していたが、その確保手段は結果的に強制連行に近かった。

英国国立航空研究所の専門家であるW・S・ファーレンは「ドイツの科学と技術力

は驚くべきものがあり、現況では学ばねばならないことが多い」と語っているが、多くの獲得情報はCIOS（知的統合情報委員会）調査報告書、あるいはBIOS（英国知的情報委員会）報告書といった形で記録が残されている。

欧州での大戦が終了した一九四五年七月六日に米統合参謀本部は米国の科学と技術の急速な発展のために、ドイツ人科学者を確保して米国へ連れてくるという極秘計画を開始した。国防省の軍事情報を扱うG2セクションが計画の推進者となったが東西冷戦が起こり、世界の状況が激変し、ナチ政策に協力したドイツ人科学者と技術者を罰するよりは、むしろ、その頭脳を自国の科学発展に寄与させるべきとする政策へ転換したのである。

とくにソビエトが先進技術を獲得するのを阻止する別の目的もあったが、道徳的観点からすると問題があると考えられたので計画には秘密のカバーがかけられ、当初はオペレーション・オーバーキャスト（曇天作戦）と呼ばれた。

アルソス（ALSOS）調査団の手で作成されたリスト1では、すでに一〇〇名ほどのロケット関連科学者名が調査されていた。また、一九三二年にノーベル物理学賞を受けたドイツ物理学者ヴェルナー・ハイゼンベルグ博士については核エネルギー計画「ウラン・クラブ」の中心的人物で、ドイツ軍一〇個師団にも相当する価値があると報告されていた。事実、ハイゼンベルグ博士は一九四三年に軍需大臣のA・シュペァに原子爆弾の可能性を問われて、理論上の可能性を可とするが実用化には数年を要すると答えたが、この分野では米国が先んじることになるのである。

じつはこの科学者獲得作戦で真に役立ったのは戦時中にドイツ側で作成されていたオーゼンベルグ・リストと称される名簿だった。

オーゼンベルグ・リストとは、第二次大戦四年目の一九四三年になるとドイツは拡大した戦線と兵器の莫大な消耗により、軍需産業界では科学者や技術者不足が顕著となり、前線や軍務につく者で兵器研究に役立つ人々を本国へ呼びもどすことになった。そこで必要とされる人々の経歴と経験を調査した国防研究団体の会長だったベルナー・オーゼンベルグが、これをまとめたのでそう呼ばれたのである。

このリストを入手した米軍兵器開発局のロバート・B・ステイバー少佐は記録を分析して、ブラック・リストと呼ばれる秘匿名簿を作成した。そのリストのトップにはV2ロケット（26V2ロケット・ニューヨーク攻撃計画参照）開発と兵器化を推進した中心人物のヴェルナー・フォン・ブラウンの名があった。

オーバーキャスト作戦は当初は衝撃的なV2ロケットの関連科学者に焦点があてられていた。他方、米国のドイツ人科学者獲得計画に対して英国はドイツ人科学者たちが米国へ送られる前に彼らに協力させて、V2ロケットの発射実験を行なうように要求した。

このロケット発射実験はドイツのクックスハーフェンで実施され、バックファイア作戦として成功するが、英国は戦争で疲弊した経済などいくつかの理由によりロケット開発を行なわなかった。この実験後に米国へわたったドイツ人科学者アルツール・ルドルフは実験前に英独の科学者と技術者が一緒に酒を飲み明かして友好的であったと、後に印象的な話を語っている。

英国のバックファイア作戦後にドイツ科学者たちは米国へ送られるが、同時に数百名のドイツの兵器の専門家も合流した。米軍により科学者個々の詳細なファイルが作成されたが人々は過去のナチ政権での犯罪の有無にかかわらず、政治的に米国への入国が認められた。そして、秘匿名称だったオーバーキャスト作戦は「ペーパークリップ作戦」と改められて、科学者たちは米国の国家利益という観点から過去を追及されずに新天地で生きることが可能となったのである。

一六〇〇名といわれる渡米科学者と技術者のうちで、もっとも多かったのがロケット関連と先進航空技術をあつかう科学者たちだった。中核はドイツ・ロケットの父といわれたヘルマン・オーベルト教授（米国で顧問）を筆頭にして一一二名、エレクトロニクス科学者三二名、医学、生物兵器、化学兵器、薬品の専門家一〇名、化学技術者八名、物理学者五名などだった。

また、派生的な専門分野の調査も多く行なわれて、英米ソの各国はさまざまな専門グループを編成して化学戦、航空医学、Uボート（潜水艦）、ジェット機などの専門家を探し回った。米海軍が獲得したのはヘンシェル293など誘導弾の専門家として知られるヘルベルト・A・ワーグナー博士で、米国へ送られた後に一九四七年から米海軍で雇用された。

このほかに、アップルパイ作戦というのは、親衛隊（SS）の保安本部（RSHA）と国防軍参謀部情報課によるソビエト工業と経済分析情報に関する尋問である。ダストビン作戦は英米が求める軍事情報を有する重要なドイツ人捕虜の尋問だった。一九四四年に立案されていたエクリプス作戦は戦争直後にV1無人飛行爆弾とV2ロケット兵器を徹底的に破壊する行動計画だった。その派生作戦だったセーフ・ヘイブン作戦は西側連合軍占領下におけるドイツ科学者の脱出を阻止するものである。

また、FIAT（フィールド技術情報局）は米陸軍の機関で、ドイツ科学の進歩を適切な手段で国家利益のために活用すべく活動していたが、大規模なペーパークリップ作戦が展開されると一九四七年に廃止された。

ナショナル・インタレスト計画63（国家関心計画63）はロッキード社、マーチン社、ノース・アメリカン社などの航空企業によるドイツ技術者の職業援助のことである。また、既述のＡＬＳＯＳ（アルソス）作戦、エプシロン作戦、ビッグ作戦などはドイツの核研究と関連施設、科学技術者、秘密兵器、研究を調査する英米の秘密作戦である。

この他に、ラスティ作戦はとくにジェット機などのドイツ先進航空に関する機材と技術者の獲得だった。そして、特別任務Ｖ２は一九四五年四月～五月にウィリアム・ブロムリー少佐が指揮するソビエト戦区のミッテルヴェルケ秘密地下工場でのＶ２ロケットの組み立て部材一〇〇点以上を回収することに成功し、ＴＣＯＭ（ターゲット情報委員会）はドイツの暗号専門家を獲得する作戦だった。

無論、英国もドイツの先進航空技術を狙うサージェン（外科）作戦やフェデン調査団といった秘密作戦を実行した。ソビエトはオソアヴィアヒム（準軍事組織のこと）作戦により、一九四六年に二二〇〇人以上（家族を含めると二万人とされる）の科学者と技術者を確保してソビエトへ送り、同時にＶ２製造工場施設も移設して技術の吸収を行なった。

アーサー・ルドルフ

ところで、米国へ運ばれた一六〇〇名以上のドイツ人科学者の中心的存在の一人だったアーサー・ルドルフ（ドイツ名アルトゥール・ルドルフ）は、V2ロケットの秘密工場があったミッテルヴェルケ（ドイツ中北部ハルツ山系のノルトハウゼンを中心とする地下工場の一つ）強制収容所のロケット生産システム責任者であった。そして米国のペーパークリップ作戦のもとで適当な資産を米国へ持ち込むことを許可された。

ミッテルヴェルケ工場はブッヘンワルト強制収容所の補助施設として一九四三年に稼働し、一九四五年三月に解放されたときはまだ約四万人の収容者たちがいた。

ホロコースト博物館の資料によれば「騒音、塵埃、有毒ガスが環境を悪化させ、一日一二時間もの重労働と睡眠不足、水不足、不衛生なトイレ、悪臭、肺炎、結核、腸チフスと赤痢が収容者を蝕む人間の終末的状況だった」と地下工場の過酷な状況を記述している。ここでは約二万名の労働者が死亡しているが、それでもミッテルヴェルケ工場は高レベル科学技術の維持と兵器生産を行なっていた。

ルドルフは西ドイツと米国で戦争犯罪人に分類されていたが、そのような犯罪的責任者の過去を米国が無視したのは専門知識を獲得するためであった。そして彼の過去はひそかに抹消されてNASA（米国宇宙航空局）で働き、一九六〇年代にアラバマ州ハンツビルのマーシャル宇宙飛行センターの中軸科学者の一人として、一九六九年に最初の月への有人宇宙飛行となるアポロ計画のサターン5ロケット・チームの科学者たちを束ねていた。

ルドルフは一九七三年にNASA功労章を受賞したが、一九七九年まではナチ時代の責任について追及されることはなかった。

しかし、OSI（特別調査委員会）がドイツのミッテルヴェルケ工場の強制労働者の訴訟申し立てによりルドルフにこう勧告した「自発的に米市民権を放棄してわが国を去るならば訴追は行なわれない」。そしてルドルフ夫妻はドイツへ帰ったが、翌一九八七年に当時の西ドイツ法廷が戦争犯罪人に指定したが、充分な証拠がないと判定された。その後、米国の市民権を再度獲得するが一九九六年に八九歳で死去している。

ヴェルナー・フォン・ブラウン

NASA（アメリカ航空宇宙局）で米国のために働くロケット・チームの中軸はヴェルナー・フォン・ブラウン博士だった。ドイツ敗戦時にペーパークリップ作戦のリストでV2ロケット開発上極めて重要人物と認定され、尋問のためにババリアのガルミッシュ・パルテンキルヒェンへ移された。

当初、フォン・ブラウンと同僚たちはいかなる科学情報も連合国にあたえることを拒否していた。彼らは戦争末期に岩塩鉱山の坑道内に重要な書類を隠匿して連合軍と交渉する際の切り札とし、これら重要なデータ書類とひきかえに米国での新生活を望んでいた。拘留されたフォン・ブラウンがにこやかな笑顔でＧＩ（兵士）たちと握手して記念撮影に応じる様子は、捕虜というよりは名士のようだったとペーパークリップ作戦に任じた要員が後に語っている。

充分な条件を確保したフォン・ブラウンは同僚科学者たちとともに一九四五年に米国へ移り、以降、長年にわたり米陸軍の弾道弾兵器開発の長として働いた。ブラウンはレッド・ストーン・ロケット、ジュピターＣ・ロケット、パーシング・ミサイル・システムの開発チームを監督したが、最終的にブラウンの指揮下で一二〇名ものドイツ人科学者たちが米ロケットの開発に取り組んだのである。

ブラウンは愛想が良くてカリスマ的魅力があり、宇宙旅行の本や論文を出版して宇宙計画を説明する有名人となった。一九六〇年代にアラバマ州のハンツビルに居を構えてＮＡＳＡのマーシャル宇宙飛行センターの理事となり、有人サターン飛行計画を推進した。そして一九七七年には米大統領自由勲章を授与されたほど貢献度が高かったのである。

ブラウンは過去にナチ党員だったことを認めていたが、生粋のナチ主義信奉者ではなく当時として選択肢はなかったのだと主張した。そして本来は政治に関心がなく、宇宙旅行という壮大な夢実現のための研究こそが自分の情熱であったと語った。戦争中に宇宙旅行を語るという嫌疑でブラウンは親衛隊の秘密警察ゲシュタポに逮捕され、上司のワルター・ドルンベルガー少将によるV2ロケット兵器完成に必要な人物だという釈放運動とヒトラーの仲介によって釈放されている。このドルンベルガー少将もまた米国へわたりロケット開発の要職を務めた。ともあれ、米陸軍がペーパークリップ作戦を実行するために眼をつぶったが、ブラウンには多くの虚偽と嫌疑があったと今日いわれている。

フォン・ブラウンはみずから主張する不本意なナチ党員どころか立派な親衛隊（SS）の士官メンバーであったし、ヒトラーらが最終解決と呼んだ恐怖のユダヤ人殺戮を素通りしてV2ロケット生産のための強制労働者を獲得すべくブッヘンワルト強制収容所を個人的に訪問したりしている。実際にブラウンの親衛隊での階級とナチ党員の記録は米陸軍作成のファイルの中で認知されていた。

しかし、ブラウンは一九七七年に死去するまで訴追を避けてヴァージニア州アレキサンドリアで過ごし、「愛された人物」として世を去った。時のカーター大統領は「ヴェルナー・フォン・ブラウンの名は米国の宇宙探査とそれに関連する科学技術の創造的分野で多くの米国人に深い感銘を残した。しかも、米国だけでなく世界の人々はブラウンの壮大な業績から多くの利益を得た」と賞賛したのである。

彼らの背景にあった多くの無名の強制労働者の事実はペーパークリップ作戦により秘匿され、国家が利益を得るためにドイツ人科学者たちの過去を隠すことを可能にしたのである。なお、ＯＳＩ（特別調査オフィス）は司法省の反対があったが二〇〇六年になってからペーパークリップ作戦の公式記録を公刊してから二〇一〇年に組織は解体された。

1946年、テキサスのフォート・ブリスにおけるペーパークリップ作戦で米国へ送られてロケット研究を行なうドイツ人科学者たち。前列右から７人目が主導者のフォン・ブラウン、前列左から４人目がアルトゥール・ルドルフ

ナチ時代の過去犯罪を抹消されて宇宙ロケット開発に従事したアルトゥール・ルドルフ

Ｖ２ロケット開発から米国へわたり宇宙ロケット開発を主導したフォン・ブラウン(中央背広姿)

第28話　レインボーとオレンジ戦争計画

●オレンジ色はなぜ日本を表わすのか――

平和な世の中であっても国家（あるいは軍隊）は、つねに潜在的な様々な外的脅威に対抗するための計画を秘密裏に検討し準備している。

米国は一九〇六年という早い段階から対外戦争を想定した戦略的計画を開始した。これを一九一一年になってから細部にわたってまとめたのが米海軍少将（海軍情報部長）のレイモンド・P・ロジャースであるが、それに含まれる潜在的な対象国や地域を二〇種以上のカラーで区別表示したのでカラー・コード戦争計画と称された。

カラー・コードを簡単に述べれば次のように分類されたが、内容的に二〇世紀初期の激しく変容する国際政治を反映していたといえる。

ブラック計画／ドイツ
ブラウン計画／フィリピン

シトロン（緑がかった黄色）計画／ブラジル
クリムソン（深紅色）計画／カナダ
エメラルド計画／アイルランド
ガーネット（暗紅色）計画／ニュージーランド
ゴールド計画／フランス
グレー計画／アゾレス
グリーン計画／メキシコ
インディゴ（藍色）計画／アイスランド
レモン計画／ポルトガル
オリーブ計画／スペイン
オレンジ計画／日本
パープル（紫色）計画／ソビエト
レッド計画／英国
レッド・オレンジ計画／英国と日本の二国同時戦（こんなことも検討されていた）
ルビー（真紅色）計画／インド
スカーレット（緋色）計画／オーストラリア

シルバー計画／イタリア
タン（黄褐色）計画／キューバ
ヴァイオレット（すみれ色）計画／南アメリカ諸国
ホワイト計画／アメリカ（国内問題、たとえば共産党の反乱）
イエロー計画／中国

こうした色区分が何を根拠に決定されたのかは今日必ずしも明確ではないが、一つの推論として英国と英連邦の場合は伝統的な地図上の赤味がかった色からの発想といわれている。アゾレス諸島のグレー（灰色）はコロンブスに由来する古い詩の中にある「コロンブスはグレーのアゾレス諸島を後ろにする」からきたものである。中国に黄色を割りあてたのはあからさまな人種差別による黄色人種論に根ざすとされている。

ほかの割りあてカラーはもっと分かり難いが、いくつかの想定がなされている。日本に割りあてられたオレンジは日本の国旗の色調（注、国旗の日の丸は紅色でありこの想定は疑問である）とも推論されるが説得力はない。スペインのオリーブは主要産物の一つであるオリーブからであろう。しかし、アイスランドのエメラルドやロシアのパープルは想定不能である。では、どのような場合にカラー・コードは検討されたのであろうか。当時の米軍の最高統帥部の一部で戦略や戦術訓練に用いられたとも記録されるので、こうした詮索はあまり意味がないかも知れない。

さて、米国は日本が日露戦争で勝利した直後の一九〇六年にすでに極東における警戒すべき国として認識され、その後の第一次大戦後にカラー・コード戦争計画に対日戦を想定したオレンジ計画を発展させて一九二五年までに細部を策定していた。やがて一九三〇年代後半になると国際情勢は激しく動き、日・独・伊の枢軸国と米英連合国の対立により、時代に合わなくなったカラー・コード計画は一九三九年夏に再検討されて「レインボー計画」に衣替えされた。

米国にとって第二次世界大戦が迫る二極化された世界の勢力を日本、ドイツ、イタリアとそれに付随する諸国が明確な敵国となり、対応策はレインボー・ファイブ（5）と称された。

レインボー計画1（枢軸国による北米侵攻の場合の米国防衛の陸軍政策）
レインボー計画2（英・米・仏連合国対日・独・伊三国同盟と大西洋／太平洋の二正面戦に対する海軍政策）
レインボー計画3（米国単独による対日戦の海軍政策）
レインボー計画4（レインボー1に西半球防衛を加える陸軍政策）

レインボー計画5（レインボー2の大西洋優先戦略）

ところで、対日戦を意図するオレンジ計画はいくつかの骨子から構成されていたが、主点は米国の太平洋の権益地（フィリピン）の防衛強化のための陸海軍兵力の展開である。もう一つは米海軍の戦略として西太平洋で日本艦隊との決戦に勝利して、日本本土の封鎖により軍事・経済面で壊滅させる計画を有した。

米海軍は遠征艦隊を成功させるために一九二二年のワシントン軍縮会議以降に艦隊への補給態勢を重要な問題点としてとらえていたが、のちに莫大な補給を実現する補給船艦隊、つまり米海軍フリート・トレイン（33サーブロン船隊参照）構想はまだ運用されていなかった。さらに日本が占領する太平洋の島嶼伝いに強力な海軍力をもって奪取する飛び石反撃作戦である。これらの海軍プランは一九二〇年代初期に米海兵隊のA・H・エリス少佐が考えた敵前上陸戦術論に立脚するもので最終的なレインボー計画の軸となっていた。

太平洋戦争を戦う米軍は海軍のチェスター・ニミッツの率いる連合軍太平洋軍（艦隊と海兵隊）と、連合国軍南西太平洋軍を率いる陸軍のダグラス・マッカーサー（のち元帥）の二人の最高指揮官による二面作戦体制だった。このために米本国国防省の統合参謀本部を巻き込んで、最後まで太平洋の対日戦域でどのように侵攻してゆくかについて陸海軍の主導権をめぐる水面下の議論と複雑な抗争があった。

マッカーサーはバターン半島脱出後の一九四二年四月に南西太平洋軍司令官となり、陸軍と陸軍航空軍を指揮下においてレインボー計画とは異なる日本本土進攻戦を主張した。すなわち、日本軍の占領地をリープ・フロッギング（蛙飛び作戦）をもってビスマルク諸島、ニューギニア、フィリピンのミンダナオ島、そしてルソン島を伝うルートを要求した。

チェスター・ニミッツ大将はオレンジ計画にしたがって中央太平洋の島々を伝って日本本土への進撃を主張した。これにより最初の島嶼上陸戦は一九四三年十一月のギルバート諸島タラワだった。以降、マーシャル諸島クェゼリン、エニウェトク、グアム、サイパン、ペリリューと進んで、ルソン島か台湾で一本化される予定だった。なお、一九四五年の沖縄攻略戦はニミッツ大将が担当した。

両者の対立議論が続いていたが、一九四三年十二月の連合国首脳によるカイロ会談で米統合参謀本部の提案した重要島嶼として認識されたサイパン、テニアン、グアムを含むマリアナ諸島攻略が決定された。これによりB29スーパー・フォートレス爆撃機の飛行基地が確保され、日本の都市と産業は壊滅した。

また、日本本土上陸のオリンピック作戦を巡る主導権抗争だった総指揮議論が続行されたが、一九四五年八月十五日の日本降伏により上陸作戦はなくなり必然的に両者の主導権争いも消滅し、マッカーサーの侵攻戦略がオレンジ計画に加えられた結果となった。そしてマッカーサーが連合国軍最高司令官に任命されて占領日本を統治した。

米国の対外戦争計画をまとめたレイモンド・P・ロジャース海軍少将

1944年7月のハワイでの戦況会議、左からマッカーサー、ルーズベルト大統領、一人置いてニミッツ提督

第29話 小さな巨人

●眠れる巨人を目覚めさせた日本の驕り――

一九四一年（昭和十六年）十二月、日米が戦争になったときの日本の人口は七七二〇万人、米国は一億三三四〇万人、その人口比率は米国の五四パーセントだった。日本は長引く日中戦争から第二次大戦に突入したとき、産業界の状況は急速に悪化した。米国が戦争に参加すると眠れる巨人は覚醒した。米国は大戦前の鉄鋼生産は日本の一四倍以上、石油にいたっては二〇〇倍以上といわれ、商船の建造力は一八倍、海上戦闘艦（戦艦、航空母艦、巡洋艦、駆逐艦）の建造力など、すべての分野で日本をはるかに凌駕していた。

しかしながら、日本は一九三〇年から一九四四年までに重工業（重要産業五ヵ年計画など）を飛躍的に発展させた「小さな巨人」であった事実が見落とされていると、米側は以下の数字を挙げて分析結果を述べている。

日本の自動車生産の変遷

	一九三〇年	一九三六年	一九四〇年	一九四一年	一九四四年
四輪自動車	一七六〇〇	二九〇〇〇	二二四〇〇	二二〇〇〇	一六八〇〇
トラック	四六〇	五〇〇〇	四二〇〇	四三〇〇	二一五〇〇

これに対して米国は一九三〇年に三三万六〇〇〇台、一九三四年に四〇万台、一九四一年に四五万台を生産している。

ところで日本はこの間に五〇万トンの軍艦を建造して旧式艦を近代化し、商船建造も倍に増加して毎年五〇万トンが就航し続け、そして国民の犠牲の上に莫大な軍需品を生産して備蓄した。加えて日本の成長する産業界は拡大する軍に寄与する役割を果たし、一九三〇年代に海軍も陸軍も倍増し、陸海軍航空部隊はさらに拡大した。日本の軍事費は一九三〇年～一九四四年まで増大を続けて、国家予算の二八・五～七八・五パーセントを占めるまでに至った。

太平洋戦争中の日本の戦費は現在の価値で想定すると五〇〇〇兆円以上といわれている。財源は国債の発行であり、これが原因でインフレが国民生活を強く圧迫した。

それ以前からの巨大な軍事予算は臨時軍事費特別会計という特殊予算制度にのっとり、

軍部の統帥権下で聖戦完遂のスローガンを掲げて実質的な予算制限がなく、八年間も成立し続けていた。

一九四一年の国民総生産（ＧＤＰ）はＯＥＣＤ（経済協力開発機構）の各国の購買力ベース・データにしたがえば（一九九〇年のドル貨換算）日本は二〇四五・二億ドルで米国は一兆一〇〇二・一億ドルであり、ＧＤＰ比率は米国の一八パーセントである。ちなみに、ドイツは二五八二・二億ドル、英国は三四四四・三億ドル、イタリアは一五〇一・六億ドルで、国家体力の差は際立っていた。小さな巨人（米国は当時の日本をそう表現する）は米国と連合諸国と戦争を開始したが、米国は地球上最大規模の工業と経済を動員できる本物の巨人であった。

以下は日本の一九三〇年から一九四五年までの国家予算に占める軍事費の変遷である。

国家予算に占める軍事費率（パーセント）

一九三〇年	二八・五	
一九三一年	三一・五	満州事変
一九三二年	三五・九	
一九三三年	三七・九	

一九三四年　四四・〇
一九三五年　四六・一
一九三六年　四七・七
一九三七年　六九・〇　日中戦争
一九三八年　七八・八
一九三九年　七三・四　ノモンハン事件
一九四〇年　七二・五

産業と軍備に直結するのは鉄鋼生産力である。日本本土と満州などの生産を含めた鉄鋼生産量は一九三〇年に三〇〇万トンだったが、一九三九年に七三七万トン、一九四〇年に七五二万トン、一九四一年に七五七万トン、一九四二年に八〇〇万トン、一九四三年に八八四万トン、一九四四年に六五〇万トンと推移したがほぼ横這いである。そして第二次大戦初期の一九四〇年において米国は六一〇〇万トンを生産し、英国は一四〇〇万トン、ドイツは二〇〇〇万トンを生産していた。

　これについて経済学者J・B・コーエン氏は、日本の粗鋼生産は弱体で小さな巨人のすべてに影響したと指摘している。また、ワールド・アルマナックのデータによれば、日米のもっとも異なるのは総資源、科学者を含む技術者、貿易能力の差であり、一見無関係にも見えるが海外の技術力（レベル）から断絶された日本の国際的孤立であると評している。

次表により太平洋戦争時の日本の国家予算に占める軍事費比率の高さに比例して軍用機の生産数が限度に達していることが分かる。

	国家予算の軍事費率（パーセント）	日本の航空機生産数	米国の航空機生産数
一九四一年	七六・七	五〇八八機	一九四三三機
一九四二年	七七・〇	八八六一機	四九四四五機
一九四三年	七八・五	一六六九三機	九二一九六機
一九四四年	八五・五	二八一八〇機	一〇〇七五二機
一九四五年	四四・三	一一〇六六機	四七七一四機
		計六九八八八機	三〇九五四〇機
		対米比	二二・六パーセント

ちなみに戦車生産数は日本で二四六四両（軽・中戦車）、米国は約九万両（軽・中戦車）であった。

日本陸軍の九七式中戦車の生産ライン

第30話　フライング・タイガース

●日本機一機を撃墜すると五〇〇ドル――

対日戦で活動したフライング・タイガースという飛行隊の印象は、日米開戦前の日中戦争で中国を支援した米義勇飛行隊装備機のカーチスＰ40戦闘機の機首に描かれた「シャーク・マウス（鮫の口）」をまず思い浮かべるが、必ずしもそうではなかった。

一九三七年七月に始まった日中戦争時、中国国民党の蔣介石の要請で中国空軍の顧問として技術指導にあたったのはクレア・Ｌ・シェンノートである。当時の米国の中立的立場で公式な援助はできず、米国に設けられた中国援助事務所を経由して非公式支援が行なわれた。やがて一九四〇年に中国からもどったシェンノートは米政府の後押しでＡＧＶ（アメリカ合衆国義勇軍）として中国で対日戦に従事する米人パイロットと地上員を募集し、一九四一年十一月にパイロット七〇名と地上員一〇〇名によりカーチスＰ40戦闘機による三個飛行隊を編成した。中国側による命名は「飛虎」で米国での通称は「フライング・タイガース」である。

ビルマのラングーン（現在ミャンマーのヤンゴン）近郊に基地を置いたフライング・タイガースの当初の任務は、中国への支援を実施する米国のビルマ・ロード（援蔣ルート。ラングーンと重慶間）の制空権の確保だった。同年十二月八日に日本海軍による真珠湾攻撃が行なわれるが、フライング・タイガースの最初の戦闘は十二月下旬となった。

フライング・タイガースの編成と指導は有能な戦闘機パイロットでもあったシェンノート陸軍大尉だった。彼の戦闘機をいかにして運用するかという理論はおおむね正しいものであったが、陸軍航空軍内での評判はあまり芳しくなかった。シェンノートは一九三七年に四四歳のときに陸軍退役後の道を求めていたが、当時の国際情勢により、いずれ米国はドイツおよび日本と戦争になるであろうと考え、そのときは再び軍服を着用することになると確信していた。そしてシェンノートは優勢な日本の航空勢力に対抗する中国空軍の現況と戦術を航空機メーカーと連携して調査分析した。

シェンノートは、優れた旋回性能で水平面で相手の機尾に占位して撃墜するドッグファイト（巴戦）を戦術とする日本戦闘機に対して、P40は占位した優利な上空から一気に急降下攻撃を行ない、その後、降下優速を利して避退する「一撃離脱戦術」を提唱したが、これは中国空軍への極めて有効なアドバイスとなった。蔣介石夫人宋美齢の要請により、有償契約ベースの義勇パイロット部隊の編制派遣によって、中国空軍のパイロットの訓練と中国空軍部隊との共闘による日本の航空勢力への反撃が求められた。

当初、米国戦闘機を中国が購入することになり、航空機メーカーはそれぞれ異なる機種の売り込みを競い合ったが、バックドアからドイツやソビエトの軍需会社も熱心に売り込みを図っていた。意外に思えるが、ドイツにとって日本と戦う中国はよき兵器購入国であり続け、ソビエトも義勇軍派遣を提案していたが、中国は政治的な警戒とロシア人パイロットに全幅な信頼を寄せなかった。そこで一九四〇年末までに米国は中国への借款をとりきめ、米国製最新戦闘機を購入する契約が締結された。

表向きは非公式であったが米陸軍と海軍の協力でＡＧＶ（アメリカ合衆国義勇軍）へのパイロットの募集が行なわれ、徴募官は軍の正規パイロットに移籍を求めた。一方、国際政治において中立をよそおう米国政府は、この義勇軍募集になんら関知していないという態度をとっていた。

そしてフライング・タイガースは英国へ供与予定だったカーチスＰ40Ｃ戦闘機を装備することになり、機首下面に獰猛な印象をあたえるシャーク・マウスが描かれた。これは当時、北アフリカ戦線でドイツ軍と戦った英第一一二飛行隊が用いたノーズ・

アートにならったものだった。フライング・タイガースが有名になるのは真珠湾攻撃後に発刊されたタイム誌（一九四一年十二月後半号）への掲載からで、機体後部に描かれた虎に羽が生えたエンブレムはカリフォルニアのウォルト・ディズニー・スタジオが提供したものだった。

一九四一年末に義勇パイロットたちはビルマへ到着すると訓練基地を設営し、パイロットと整備員のチームワークにより中国へ移動する前にすべての戦闘準備を完了していた。かくてフライング・タイガースは真珠湾攻撃の直後にビルマにおいて日本機と最初の空戦を行なったのである。

フライング・タイガースは一九四二年の初期に中国へ移動するが同年七月に解隊命令が出た。まだ、多くのパイロットたちが中国で操縦桿を握り日本の戦闘機と空戦を重ねていたが、今や彼らは義勇軍パイロットではなく米第一〇陸軍航空軍に所属するＣＡＴＦ（中国空軍部隊）へ編入された。後に新編の第一四航空軍（指揮官シェンノート少将）の一部となり、第二三戦闘群に取り込まれて中国上空での戦闘任務を続行し、日本戦闘機と激しい空戦（加藤隼戦闘機隊との空戦など）をくり広げることになる。

義勇フライング・タイガースとしては、わずか七ヵ月間の戦闘期間であったが二九六機の日本機を破壊したと主張している。この短い義勇軍時に傭兵としての報酬以外に一機撃墜で五〇〇ドルの報償金が約束されていたという。一九四四年になって六八名のパイロットに五〇〇〇ドル以上のボーナスが実際に支払われている。

また、フライング・タイガースは八六機を喪失したが、うち一二機は空中戦で撃墜され、事故機を含んで二二機はビルマに侵攻した日本軍に捕獲され、二二名のパイロットが戦死、捕虜、あるいは行方不明となった。

戦後になって調査が行なわれて、日本側の記録との照合により一二〇機（日本側記録一一五機）の日本機を破壊し、四〇〇名（日本側記録三〇〇名以下）のパイロットと乗員が戦死したと結論されたが、日本側の損害の多くが乗員の多い爆撃機であった点は考慮すべき事実である。

ＡＧＶ（アメリカ合衆国義勇軍）を創立したクレア・Ｌ・シェンノート少将

中国昆明におけるフライング・タイガースのパイロットと乗機のＰ40戦闘機

第31話　ダグラス・マッカーサー元帥の系譜

●華麗なる一族と見事な演出によるヒーロー像――

ダグラス・マッカーサー陸軍元帥は米国が生んだ軍人で多彩な経歴を有する、もっとも有能な指導者の一人というのが定評であるが、同時に多くの論争の的となった軍人でもあった。また、日本にとっては敗戦の結果である日本占領の連合国軍最高司令官として君臨した人物として有名である。

マッカーサーは第一次大戦時のヒーローとしても知られる著名な米陸軍幹部（少将）であり、一九三〇年に五〇歳で最年少の参謀総長（副官はドワイト・D・アイゼンハワー）に任命されたが、階級不足で一時的に大将に任じられるという珍しいケースだった。一九三五年にマッカーサーは参謀総長を退任して元の少将にもどり、一九四一年まで米政府によりフィリピン政府へ派遣される軍事顧問（フィリピン軍の元帥）となった。

日米関係の対立激化により一九四一年七月にフィリピン防衛準備のためにマッカー

サーは現役復帰し、すぐに中将、そして大将に進級して米極東陸軍司令官となった。同年十二月までに二万二〇〇〇名の現地軍を一八万名へと急増強したが、訓練が充分でなく実戦力は疑問視された。

そんなマッカーサー将軍にも失敗があった。一九四一年十二月八日に始まった日本軍による攻撃でフィリピン防衛を果たせなかったことは米国で衝撃をもって受けとめられた。このときフィリピン防衛に任じた兵力は米軍三万一〇〇〇名、フィリピン軍一一万名である。日本軍は台湾へ航空基地を置いて航空勢力優勢を確立し、日本海軍も強力な艦隊をもって海上の支配権を獲得した。そして日本陸軍は四万三〇〇〇名の部隊を投入してルソン島のリンガエン湾に上陸すると、わずか一一日間でマニラを占領した。

日本軍の攻撃が警告されていたにもかかわらず、米航空戦力は日本軍の航空攻撃を受けて地上基地で撃滅されてしまった。日本の航空基地が八〇〇キロも離れていたために、マッカーサーが日本軍の航空攻撃に対して航空戦力を分散配置するように命じなかったことが効果的なフィリピン防衛が果たせなかった原因とされた。また、マッカーサーはフィリピンで君臨していた数年間にフィリピン軍の練度を上げる努力をしなかったとも米本国ではみられていた。

実際に日本軍のルソン島上陸時のフィリピン軍は一ヵ月たらずの訓練しか受けられず、しかも、日本軍の侵攻をルソン島北部の平原で機動戦により阻止しようとしたが悲惨な結果となった。一方で日本の上陸軍との地上戦では兵站（輸送）上のミスもあり、米軍とフィリピン軍の残兵が最終的にバターン半島へ撤退するが弾薬と食料が不足する事態となり、これら一連の米軍の軍事行動はマッカーサーの責任となった。

他戦区で英国とオランダの植民地軍が崩壊する間に、マッカーサーの軍は一九四二年春まで持ちこたえたもののフィリピンは絶望的状況にあった。このとき、ルーズベルト大統領はマッカーサーを巨大な軍隊を指揮する能力と有能な部下を見出せる優れた軍人と認識していた。そこで、同年二月にマッカーサーを英雄として扱い日本に降伏して捕虜となる前にフィリピンからの脱出退避を命じ、三月にオーストラリアのメルボルンで米極東軍司令部が設立された。これにより軍事的失敗にもかかわらず、マッカーサーはのちに蘇る機会をあたえられることになった。

ところで、米国東部のマサチューセッツ州トートンにサラ・バーニー・ベルチャー家という名家があり、英米の著名人を多数輩出した家系として知られている。第二次大戦中の英国首相だったウィンストン・チャーチル、そして第三二代米大統領のフランクリン・D・ルーズベルトもこの家系に連なっていた。時代を一五世紀以降にもどせば英国王エドワード一世が登場する。そしてウィリアム・ハルゼー提督、ジョージ・パットン中将、近年の第四一代と四三代米大統領のジョージ・ブッシュ親子、ダイアナ妃など優に数冊の本になるほどの人々を見ることができる。

この華麗な家系に関係があるのがダグラス・マッカーサーである。マッカーサーの軍事的失敗を問わずにオーストラリアへの脱出を命じて英雄的行動に変えたのはルーズベルト大統領であるが、その背景は同じ家系にあると米国の一部で強く示唆されているのである。

マッカーサーは軍の究極の目的である戦争で勝利するには何が必要かを熟知し、自身の業績が注目を集めるようにと、ある意味の宣伝にも配慮してきたが、一方で多くの敵もあった。たとえば、マーシャル大将（統合参謀本部長）、D・アイゼンハワー元帥、そしてマッカーサーの軍事的失敗を救済したルーズベルト大統領そのものが軍人的能力を別としてマッカーサー元帥を好まなかった。

マッカーサーはフィリッピンを去るときに「私はもどるであろう＝アイ・シャール・リターン」と有名な見得を切ったが、その言葉どおり一九四五年一月九日にリンガエン湾でパイプを咥えて上陸する申し分のない演出をもって世界へ知らしめた。

米国でマッカーサーは対日戦で有能な軍司令官としてリープ・フロッギング（蛙飛

び作戦）を指揮して日本軍を壊滅させたと認識され、一九四五年八月に戦争が終了して日本進駐の全権を握る人物として、つねにこのイメージ線上にあった。また、占領下の日本でこの全権者に対して畏怖の念が広がり、結果として迅速かつ効率的な日本占領が果たせたのだと米本国の多くの人々は理解していた。

しかし、マッカーサーは朝鮮戦争におけるワシントン政府との意見の不一致により、一九五一年にトルーマン大統領により解任され、「老兵は消え去るのみ」の言葉を残して表舞台から去ったのである

1920年代後半、米陸軍のホープだった若きダグラス・マッカーサー

1942年初期、フィリピンのコレヒドール島要塞司令部内のマッカーサー（左）と参謀長サザーランド（右）

1944年10月、アイ・シャール・リターンの言葉どおりレイテ島へ上陸するマッカーサー（中央サングラス）と幕僚

第32話　オーストラリア軍師団長ベネット少将の脱出

●果敢な脱出行は部下を置き去りにしたのか――

一九四一年十二月の日本軍によるマレー作戦（マレー半島）に続いて、英軍が難攻不落としたシンガポールの攻略戦が行なわれた。シンガポールには連合国軍合同司令部ABDA（米・英・蘭・豪）が置かれて、英極東マラヤ方面軍司令官のアーサー・E・パーシヴァル中将が指揮した。しかし、チャーチル首相が「英軍の歴史上最悪の惨事と最大の降伏」と評した敗北結果となり、一九四二年二月十五日に日本軍に降伏した。

このとき、英軍の指揮下にあったのがオーストラリア第八歩兵師団を率いたH・G・ベネット少将（のち中将）であるが、降伏調印をした数時間後にシンガポールからオーストラリアへの脱出を果たした。その後、彼はフィリピンからオーストラリアへ脱出して英雄になったマッカーサーとは事後のあつかいにおいて明暗を分けることになった。

ベネットは第一次大戦中に欧州戦線に参戦し、連合軍のガリポリ半島上陸戦（トルコのイスタンブール制圧目的）にも加わったベテラン軍人で、二九歳で士官となり、のちにオーストラリア陸軍最年少の将官となった。戦後は民間人としてニューサウスウェールズ産業界の幹部を務めるかたわらオーストラリア軍と連携する国民軍を率いていたが、一九三〇年に少将として第二オーストラリア歩兵師団長となった。そして一九三九年九月に欧州で第二次大戦が勃発すると軍務に復帰したものの第二オーストラリア師団長を免じられた。その理由として、ある意味の率直性と気性の激しさから英軍将官の命令従属に不適当であると判断されたからである。

実際にベネットは大戦間に英軍士官とオーストラリア士官らの行動に批判的な言動をとっていたために、英国のホームガード（市民防衛軍）と同じく第一線部隊ではない義勇防衛軍団の指揮官に任じられただけだった。

ベネットは一九四〇年八月に新設された第八オーストラリア歩兵師団長に任命され、日本軍によるアジア南方への勢力拡大懸念とマレー半島防衛強化のために、シンガポールへ師団将兵とともに移動することになった。まず、二個旅団からなるオーストラリア第八歩兵師団司令部と第二二歩兵旅団司令部が一九四一年二月にシンガポールへ派遣され、続いて八月に第二七旅団本部が到着した。

当初、英・豪軍の円滑な連携に危惧があったが、ベネット少将と英軍司令官のパーシヴァル中将、および他の英軍幕僚たちとの関係は予想以上に良好だった。ベネット師団長はオーストラリア政府から、英軍と意見が異なればパーシヴァル中将と議論できるという選択権を付与されていたので無条件で命令に服従する必要はなかった。この事実はパーシヴァル司令官にオーストラリア師団へのある種の制限を加えることになり、結果としてベネット少将にかなりの自由裁量権が認められることになった。

すでに日本軍は航空戦力の優勢下で南マレーの防衛部隊を圧倒していた。オーストラリア部隊はクアラルンプールとシンガポールの間にあるムアルで防衛戦を行なったが、他の連合軍部隊ともどもシンガポールへ撤退しなければならなかった。ここで、ベネット少将は配下の二個歩兵旅団をもってシンガポール北西の防衛にあたる命令を受領した。

一九四二年二月八日の夜に強力な日本軍が兵力三〇〇〇名の第二二歩兵旅団を攻撃して、数時間で後退を強いられた。翌日、日本軍は第二七歩兵旅団の防衛線へも上陸したために戦線の分断を危惧して旅団は撤退した。

二月十五日の英軍降伏の夜にベネット少将はセシル・キャラハン准将にオーストラリア第八歩兵師団の将兵を委ねるとともに、危険を冒してシンガポールを脱出し、三月にメルボルンへ到着した。オーストラリアへもどったベネット少将は新聞やラジオ放送の記者団にマレー半島からの危険な脱出劇を語った。これはオーストラリア国民に理解され、軍部も表面的には受け入れたものの、実態は部下を置き去りにした指揮官として暗に批判された。そうした複雑な軍内部の葛藤があったが、ベネット少将は中将に昇進してパースの第三オーストラリア軍団司令官となった。

戦後になり、パーシヴァル中将はベネット少将が許可なく命令を遂行しなかったとして非難の書簡を送付して、オーストラリア軍の軍事裁判が開かれた。そしてベネットがシンガポールを脱出したのは正当ではなかったと判定されたのは、巨大な英国の政治的圧力がオーストラリア連邦政府にかけられたからだといわれている。同様に一九四五年十一月に王立委員会がベネットの行動には正当性がないと断じて、再び名誉を傷つけられた。

しかし、一九四八年になりオーストラリア軍弁護士のトーマス・フライ中佐が王立委員会の判断基礎が国際法に立脚している点に着目した。そしてベネット中将がしたがうべきオーストラリア軍法に準拠する反論を行なった結果、当時、シンガポールではいかなる責任下にも置かれていなかったと結審されたのである。

その後、ベネット中将は軍を退役して民間人として成功を収め、オーストラリア第八歩兵師団の将兵たちもベネットのシンガポールからの脱出行動は正当であったと証言し、他部隊の多くの退役軍人たちもベネットを強く擁護した。ベネットは一九五七年にシンガポールのクランジ戦没者墓地を開設するために尽力したが、五年後の一九六二年八月に死去した。

軍事記者たちにコメントするオーストラリア陸軍のH・G・ベネット少将

降伏交渉のために日本軍司令部へ向かう英軍幹部で右端の長身の人物がパーシヴァル中将

第33話　サーブロン船隊

●米空母機動部隊を支える巨大な兵站組織——

米海軍は戦前から太平洋を間にする日本と戦争が起こった場合の兵站上（補給船、要員、兵器、弾薬、食料などの後方支援）の課題について広範な検討を行なっていたが、平時の米海軍は議会予算の関係から兵站支援用の船舶保有数は少なかった。戦時となると、米海軍も他国の海軍と同様に戦闘力維持のための補給に民間船の徴募とその協力に依存しなければならなかった。そのために商船隊からの船舶購入、チャーター、あるいは海事委員会が行なう補償金による公式徴用を実施することになっていた。

また米海軍は対日戦が長期化した場合、こうした臨時手段だけでは広大な太平洋戦域をカバーする根本的な補給態勢の解決策とはならないと考えていた。米艦隊が必要とする強力な支援船群を海軍が組織化して直接運用すべきであるとしていた。そしてこの問題と並行して最も重要な戦闘艦艇への燃料補給について新たな手段を確立した。

これは、通常、洋上で停止したタンカーを先頭にして続航する戦闘艦艇が給油管で接続されて燃料補給を行なうが、この方法では補給に時間がかかり潜水艦の攻撃を受ける危険性が大きかった。そこで、米海軍は潜水艦（潜航中の潜水艦は時速四〜五ノット程度）の攻撃を避けて時速一二ノット（時速二二キロ）〜一五ノット（時速二八キロ）の速力を維持しつつ、タンカーと並走して燃料補給をする改善策を採用した。

これには特殊な給油装置と給油管が開発され、よく訓練された乗員の運用によって試案は成功した。しかも一隻のタンカーから左右両舷の二隻の艦船へ同時給油も可能であり、従来の方法に比較すれば危険性も減じて給油時間も大幅に短縮されていた。これを視察した英海軍の関係者にも大きな感銘をあたえた。

一九四二年十二月に日米戦が開始されたとき、米海軍の兵站輸送組織はまだ充分に機能する状態になく、いくつかの問題解決のために、サーブロン（Servron＝Special Fleet-Service Squadron＝艦隊任務船隊の略で、のちに艦隊列車を意味するフリート・トレインと呼ばれた）という特殊な支援組織を設けて船舶の確保に乗り出した。このサーブロン船隊は当初、役割が異なる数隻の任務船から構成されていて、艦隊が必要とする病院船、弾薬、燃料、船舶修理部品、食料や雑品の供給など広範囲な支援任務を担った。

サーブロン船隊はまさしく米海軍の兵站部隊というべきもので、戦闘艦隊、あるいは空母群を中心とする機動部隊を「番号が付された」サーブロン船舶グループが必要に応じて後方支援を行なった。初期には小規模だったが、民間商船隊と海軍の直轄船舶との混合編成により一九四三年初頭に急速に規模が大きくなり、活動範囲も拡大した。

たとえば一九四三年三月の第八サーブロン船隊は、護衛船をのぞいて六二隻で編成される大きなもので、弾薬船四隻、補給船六隻、一般貨物船三隻、一般資材船一隻、病院船三隻、タンカー四五隻からなっていた。それから一年後の一九四四年になると、戦域の拡大に合わせて第八サーブロンは、じつに四三〇隻もの船舶で編成されるようになっていた。護衛強化のために一〜二隻の護衛空母が付属し、さらに船隊は四部門に分割されて各部門は一〇〇〜一二〇隻の構成となり、まさにフリート・トレイン（艦隊列車）の名に恥じない規模だった。

太平洋戦域の拡大でサーブロン船隊は拡充を続けて、一九四四年後半になると再組織化により任務ごとに専門化された。あるグループは高速機動部隊の支援任務を割りあてられ、航空機部品船、航空燃料タンカー、航空機修理船、そして数隻の護衛空母には補充パイロットと予備機も準備されていた。そのほかに、艦隊へ燃料供給のみに特化したものや食料供給専門の倉庫船で編成されたサーブロン船隊もあった。

　この艦隊列車は多くの支援作戦を行ない、一九四四年六月のマリアナ沖海戦のサーブロン船隊任務グループ五二・七（支援と修理）は潜水艦への補給船一隻、タグボート三隻、水上機用船一隻、修理船一隻、救難船二隻、上陸用舟艇修理船一隻、そのほか工作船や護衛艦八隻をもって戦闘艦を補佐した。また、別の任務グループ五〇・一七（燃料補給）の場合は、タンカー二四隻、病院船三隻、護衛空母四隻（航空機補充用空母二隻、および陸上基地用のP47サンダーボルト戦闘機を輸送する高速空母二隻）、一二隻の駆逐艦からなっていた。

　戦争初期には戦闘艦、とくに航空母艦は作戦ごとに弾薬、資材補給などのために基地へもどらねばならなかったが、サーブロン船隊の支援により継続して次段作戦を遂行できることは戦闘艦隊にとって素晴らしい利点となった。主要作戦実行後に空母機動部隊も支援戦闘艦も、すぐにサーブロン船隊任務グループの支援を受けることができた。迅速に燃料を補給し、艦載機の補充、資材積載と部品の補給、そしてパイロットを交代させた空母群は迅速に戦力を回復して新たな作戦に邁進できるのである。

　一九四四年中期の三〜四隻の空母からなる中規模機動部隊の場合は、比較的小規模なサーブロン船隊任務グループと会同して補給を受けてから次段作戦に移ったが、機動部隊の航空母艦を支援グループの予備航空母艦と交代させて戦闘を続行することもできた。これにより、米海軍が波状的に日本海軍へ加えられる戦術圧力は高く極めて有効であった。

しかし、戦争後半に米海軍の兵站組織として効率的に運用されたサーブロン船隊の任務にも重い負荷がかかっていた。太平洋で活動する巨大な米艦隊と空母機動部隊、および島嶼上陸戦を戦う海兵隊と歩兵師団群にはさらに莫大な量の燃料、資材、糧食が要求されたからである。一九四五年春の沖縄上陸戦では補給品の欠乏事例が発生したが、これは、日本本土戦が長期化した場合の重要な問題点として指摘された。

太平洋戦域でも国際政治と連合国軍内の主導権争いがあり、主要な対日作戦への英海軍参加を阻止するように意図された根拠の一つとして、米海軍独自のサーブロン組織がよく機能していたからとされている。それでも、太平洋で戦う米海軍は最終的に予想される日本本土上陸オリンピック作戦において、物量面で圧倒的戦力を発揮するには途方もない負担がかかると想定していた。

興味深いことであるが、のちに英海軍も独自でサーブロン船隊に似た組織を設けて効果的に運用した。ある例を見ると、九二隻の船舶から編成されて一七隻のタンカーと一三隻の弾薬船が含まれていた。また、ＡＢＳＤ（Advance Base Sectional Dock＝

前進基地部分ドック）という巨大な浮きドック・システムを分割して前進基地へ運び、太平洋戦域の洋上で損傷した戦闘艦艇の修理や整備までも行なった。

サーブロン船隊はマリアナ沖海戦末期の米機動部隊も充分に支援したし、フィリピン海戦（レイテ海戦）では二個燃料補給グループと六隻のタンカー、および多数の護衛駆逐艦が兵站グループを編成して大規模作戦を支えた。また、サーブロン船隊の多くの支援船は民間の徴用船と商船船員により運用されて海上補給任務が遂行された。

戦闘部隊と密接に関連して運用される巨大なサーブロン船隊組織が日本海軍に打ち勝つ原動力であったことは確かである。

1944年、フィリピン沖に展開した米空母機動部隊で手前からワスプ、ヨークタウン、ホーネット、ハンコック、タイコンデロガの各航空母艦

空母ヨークタウン(右)にタンカー左舷から給油中だが右舷側からも同時給油ができた

1944年、硫黄島上陸戦を支援するフリート・トレイン

洋上で二隻の艦船を整備する巨大な浮きドック

第34話　リバティ船

●Uボートが沈める隻数より多くを建造する――

海上戦は戦艦、空母、巡洋艦、駆逐艦、潜水艦、地上戦は戦車、装甲車、火砲などの主力兵器による決戦だけではない。前線へ送る莫大な兵器、弾薬、燃料、資材、そして兵員を供給してこそ戦いを続行することができるのである。

第二次大戦の開始から一九四二年までにドイツのUボート（潜水艦）は英国へ物資を運ぶ大西洋のシーレーン破壊を意図して、二一七七隻、一一〇四万五三〇〇トン（いずれも連合軍記録）の船舶を沈めたが、とくに輸送船の喪失は戦争遂行上の大いなる脅威となっていた。その解決のために一九四〇年に英国は米国造船界へ七〇隻の緊急輸送船建造の発注を行なった。これが大戦中に二七五一隻建造されて、物資と燃料輸送で連合軍を支えて勝利獲得に多大なる貢献をしたリバティ船の始まりだった。

リバティ船にはタンカー型を含んで数種あり、当時としては比較的大型船で排水量は一万トンから一万四〇〇〇トンであったが、これは大戦前の輸送船平均トン数の二倍である。タンカー型は総トン数が一万六〇〇〇トンで、米タンカーの平均排水量の六〇パーセント増であった。

さて、英国から米国へ依頼した緊急建造船の基本設計は旧式だったが、石炭動力の二五〇〇馬力の蒸気レシプロ・エンジンを予定した。これは燃料の石炭保有が充分にあり、技術的にも信頼性が高かったからである。

英国からの発注船を調査した米国海事委員会は、建造費を減じて建造ペースを早めるために設計変更を行なった。基本設計はEC2-S-C1と呼ばれたが、ECは緊急建造、2は喫水線基準の全長（一二二〜一三七メートル）、Sは蒸気エンジン、C1は第一号設計を示している。エンジンは石炭燃料から重油焚ボイラーに変更されたものの速力は遅く一一ノット（時速二〇キロ）であったが、のちに潜水艦対策として一五ノット（時速二八キロ）まで増速された。英国の設計はリベット（鋲打ち）船体構造だったが、多くの熟練労働者を要さずに労務費を減ずる溶接構造に変更された。

タンカー型（T2）は三種あり約五〇〇隻が建造された。また、リバティ船の貨物搭載室は五区画で貨物約一万トンが積載でき、乗員は四〇名前後であった。防御兵器として四インチ（一〇・二センチ）砲を後部甲板に装備したが、戦争の進展とともに追加の対空兵器も搭載された。

最初の量産建造は第一次大戦時に開発された標準設計船の経験をもとにフィラデルフィアのホッグ島造船所で行なわれ、一九四一年九月二十七日に一四隻が進水した。米海事委員会はこの日を「リバティ・シップ艦隊日」と呼んだ。進水式にはフランクリン・ルーズベルト大統領が出席して、一七世紀の政治家パトリック・ヘンリーの有名な「私に自由を与えよ、しからずんば死を」というよく知られる演説を引用し、「リバティ船は欧州へ自由をもたらすであろう」と述べて大きな期待を現わした。

一九四一年初期に米海事委員会はリバティ船二六〇隻を発注するが、これには当初英国から求められた七〇隻も含まれていて、同年三月に米議会で発効したレンド・リース法（武器供与法）により発注量が二倍に増加された。そして巨大な建造計画が動き出して、多数の新造船所が米西岸と東岸、およびメキシコ湾岸に建設されて、一九四三年には建造ペースは最高潮に達することになるのである。

最初の就役船は一九四一年十二月三十日に完成したパトリック・ヘンリーで、最後の建造船はアルバート・M・ボーで一九四五年十月三十日にポートランドのニューイングランド造船で完成した。これらのうち五六パーセントにあたる一五五二隻が建設業で財をなしたヘンリー・J・カイザーが運営するカイザー造船所で建造された。

カイザーは巨大なフーバー・ダムやオークランド・ベイ・ブリッジ建設で知られる

建設業社であるが、カリフォルニア・リッチモンドに四造船所、北西部に三造船所を所有し、新建造技術のブロック・タイプ（いわばプレハブ式）の開発で建造過程を容易にしてリバティ船の大量生産方式を確立した。全米で製造された部品や組立区画が到着すると、造船所において短時間で組み立てられるが、戦争中のカイザー造船では二週間に一隻が建造された。

一九四二年十一月にカイザーのリッチモンド造船所が宣伝目的のデモンストレーションにより、リバティ船のロバート・E・ピーリーを四日と一五時間二九分で建造してみせて話題を呼んだ。一九四三年までの平均的な建造日数は四二日間であり、毎日三隻完成のペースであったが、この建造速度はドイツのUボートが沈める隻数より多くのリバティ船を供給することが可能だという点に大きなメリットがあった。

総組立造船所は全米一二ヵ所以上に置かれたが、リバティ船の大量就航はUボートの攻撃を無効化させて連合軍の軍事的勝利を保証し、一九四四年夏の欧州反攻ノルマンディ作戦における巨大な資機材の輸送を遂行した。また、太平洋における対日戦でも米国のオレンジ戦争計画の戦略だった島伝いに進撃する「飛び石作戦」の兵站線維持でリバティ船は重要な役割を果たした。このようにリバティ船は太平洋と大西洋で活動し、全戦線の連合軍の血流となったのである。

しかし、万事が順調だったわけではない。充分に検証されない設計や構造的欠陥、たとえば不十分な船体の電気溶接の継ぎ目が太平洋の激浪で折損、T2タンカーの標準以下の素材使用で燃料タンクが破裂するなどの不幸な事例も生じている。

大戦を通じてリバティ船は英・米の船団を構成するが、米船団は米海軍武装警備隊から砲員が派遣された。特異な例として一九四二年九月二十七日に大西洋でリバティ船ステフェン・ホプキンスと商船を武装化したドイツ仮装巡洋艦シュティアとの間に戦闘が起こった。ステフェン・ホプキンスがケープタウンからオランダ領ギアナ（パラマリボ）への航海途上、距離三〇〇〇メートルで仮装巡洋艦シュティアと砲戦となるが、両船ともに大破してステフェン・ホプキンスは沈没してシュティアは処分された。ステフェン・ホプキンスの船長以下四二名が死亡したが、生存者一五名が三一日間の過酷な漂流の後にブラジルへたどり着き救助されている。

太平洋を行くリバティ船で第２次大戦中に2751隻が建造された

リバティ船の半分以上を建造したカイザー造船所を率いたヘンリー・カイザー

カイザー造船所で建造中のリバティ・シップ。1／2日目、キール(竜骨)。2／6日目、バルクヘッド(隔壁)と第2デッキ。3／14日目、上部デッキ。4／24日目、進水状態

第35話　米国の通商破壊戦

●開戦から一年半は最悪の条件下で戦った——

一九四一年十二月の日米開戦時に日本海軍は六五隻の潜水艦を、米海軍は一一〇隻を展開した。両海軍は長距離作戦を任務とする大型の艦隊潜水艦を主力とし、米潜水艦の中軸はガトー級で水上一五〇〇トン／水中二四〇〇トンであり、日本海軍の主力潜水艦は一等潜水艦伊号（海大型／巡潜型）で水上一九〇〇トン／水中二八〇〇トンである。また、二等潜水艦呂号は小型で水上五〇〇トン／水中八〇〇トンだった。

太平洋戦争中に日本が保有した大型の伊号潜水艦は一一九隻で米国は二〇〇隻であり、日米が比較的拮抗した艦種だったが、日・米海軍の潜水艦の戦略と運用はまったく異なっていた。日本海軍の潜水艦は太平洋を日本へと侵攻する米艦隊を迎撃して戦力を漸減させる役割を担い、米潜水艦は日本の輸送船舶をねらう通商破壊戦を意図していたのである。

米潜水艦史によれば、米潜水艦の性能は優れていたが、不適切な戦術、不活発な潜水艦隊司令部と経験不足の艦長、そして潜水艦の唯一の攻撃兵器である不満足な魚雷の装備といった悪条件下で最初の一年半を行動しなければならなかったと述べている。

　ある記録によれば太平洋戦争中の米海軍の最終的損害は戦艦三隻、航空母艦五隻、護衛航空母艦六隻、重巡洋艦七隻、軽巡洋艦三隻、駆逐艦七一隻、護衛駆逐艦一二隻、潜水艦五二隻、水上機母艦三隻とされる。確かに米側の主要な戦艦と航空母艦が日本潜水艦の魚雷攻撃を受けたが、米海軍は危機的状況にはならなかった。伊一九潜の雷撃により沈没したのは空母ワスプであるが、この時期（一九四二年九月）は米国にとってもっとも航空母艦の余裕がなく手痛い損失となったが、米国の造船能力は高く、すぐに日本潜水艦による損害を回復した。

　日本の大型潜水艦は米艦隊を追い求めたが、戦争二年目になると米護衛艦の増強と反撃により損害が増し、一方で米潜水艦は無防備な日本の貨物船、輸送船、タンカーを襲って日本の生命線を脅かした。米国と異なり日本は対潜水艦戦で充分な効果をあげられず、さらに米国は一九四二年から一九四四年にかけて日本の一〇倍となる六〇〇隻以上の護衛駆逐艦を建造して、大西洋で通商破壊戦を行なうドイツ海軍のUボート（潜水艦）を制圧しつつ、太平洋でも連合軍船団を護衛した。

　太平洋の島嶼戦への米国の戦争物資の多くは、北米から大規模な艦隊列車（フリート・トレイン。33サーブロン船隊参照）で輸送されたが、不要不急の物資は必要なときが来るまで輸送船を浮き倉庫とする余裕さえみられた。しかし、一つの作戦に動員される米国の数百隻のフリート・トレイン自体は脆弱な輸送船群であり、実態は米海軍のアキレス腱だったが、日本潜水艦の主要な攻撃目標でなかったことは米側にとって幸運であった。

もし、日本海軍が潜水艦をドイツと同様に通商破壊戦に用いていたならば、米国の太平洋戦争はずっと激しく難しいものとなっていたであろう、と米海軍公刊戦史に述べられているのは興味深いポイントである。太平洋の戦いで日本は九五〇万トン以上の船舶を失うが、そのうち約半数は米潜水艦によるもので、決定的な役割を果たした。

太平洋戦中に米潜水艦の哨戒日数は延べ三万一五七一日を数えたが、日本の支配下にある商船、輸送船、タンカーなどの船舶へ四一一二回の攻撃をかけて一万四七四八発の魚雷を発射した。この結果、一三〇五隻、五三〇万トンを沈め、一発の魚雷の戦果は平均三五九トンと計算された。米潜水艦のトップ・スコアはバラオ級のSS306タンであるが、撃沈トン数は一一万五〇〇トンで隻数は三三隻、他の上位スコア一〇隻の潜水艦で計一〇〇万トンを沈めている。

一方、米海軍の戦闘艦、航空母艦のパイロットや整備員など、艦艇乗員の中で潜水艦乗員の損害率は二二パーセントを占めてかなり高かったが、これは戦争末期に陸上基地から発進する日本機の攻撃を原因とした。

結局、この米潜水艦ドクトリンは日本商船隊を太平洋で随時攻撃撃沈して日本の戦争経済と占領地への兵站線（補給）の破壊に成功し、米国が最終的に勝利を獲得することに大きく寄与したのである。

ところで、この破壊的な米潜水艦作戦は日本商船の航行に多くの制約をあたえることになった。たとえば、日本の輸送船は米潜水艦の攻撃や米航空勢力を避けるために目的地への到着日数が長期化した。本土近海でも輸送船は沿岸部に極力接近して停泊しなければならず、加えて樹木やキャンバスで偽装隠蔽して動かず、夜間にそっと危険を避けながら細長い日本列島を巡った。また、熟練船員の不足により若い未熟な船員が多くなり、船舶の運航に支障をきたして航海日数がさらに長くなった。

戦争最後の年の一九四五年になると米国は日本本土周辺と港湾部の機雷封鎖（37こぼれ話飢餓作戦参照）を実施し、事態は日本にとってさらに深刻になり、センチ波レーダーなど米国の電子技術が急速に発展して魚雷もまた大きく進歩して装備と戦術が格段に向上した。

このように戦力が強化された潜水艦を運用する米国の艦長たちは初期戦と異なり、

積極的な攻撃作戦に転じて日本の遠洋船舶輸送を破綻させた。他方、日本の国内船舶輸送の多くは小型の沿岸型貨物船で行なわれたが、航行中に触雷して多くが爆沈するか甚大な損傷を被り、日本の輸送システムはほとんど破壊されて食料や燃料などの必須物資の輸送が不能となった。

勿論、日本側も無策ではなかった。一九四二年に戦時船舶管理令にもとづく船舶運営会が設立され、民間船（C船）を管理して効率的な運航を試み、一九四五年春に海運総監部による陸軍（A船）、海軍（B船）と民間船（C船）の統括運航管理を実行した。たとえば、日本の船団は小さな三〜五隻編成で護衛艦も数隻であり、日本本土からマレーシアへ軍需物資を運び、帰路は錫、ゴムといった戦略物資を持ち帰るといった効率化を図ったが時すでに遅かった。

次表は日本船舶の荷下ろし期間を含む目的地への往復の所要航海日数であるが、米潜水艦と航空勢力の脅威によりしだいに日数が増加していることが分かり、当時の日本商船隊の苦闘の状況が浮かび上がってくる。

年月	香港	シンガポール	マニラ	ラバウル
一九四二年十月	二六・九日	三八・五日	二八・〇日	四八・二日

一九四三年三〜五月	二六・九日	五六・四日	四一・五日	七一・二日
一九四三年六〜八月	二六・九日	五六・四日	四一・五日	七六・七日
一九四四年六〜八月	三六・四日	——	七〇・五日	——

一方、太平洋の潜水艦戦における各国の潜水艦の喪失数は米国四九隻（五二隻説もあり）、日本は伊号潜水艦九〇隻と呂号潜水艦四三隻の計一三三隻、英国三隻、オランダ五隻だった。

日本側の船舶損害九五〇万トン中五三〇万トンは潜水艦による攻撃で二番目の喪失原因は航空機だったが、そのうち二二万トンは英海軍空母群によるものだった。

米側のデータによる原因別日本船舶損失は次表のとおりである。

原因	喪失トン数（九五〇万トン）	損害率（パーセント）
潜水艦	五三〇万トン	五五・七
航空母艦（艦載機）	二〇九万トン	二二・〇

航空機（陸上基地）	一〇五万トン	一一・〇
機雷	五一万トン	五・四
水上艦艇	三一万トン	三・三
その他	二九万トン	三・〇

　ちなみに、日本側の船舶運営会（後の海運総監部で一元管理されるようになる）喪失艦船一覧によれば、総喪失八〇二万トン。喪失船二七五四隻で潜水艦攻撃によるもの一一五三隻で四一・九パーセント、航空攻撃九〇二隻で三二・八パーセント、触雷二五〇隻で九パーセント、砲撃他八九隻で三・二パーセントとしている。また、海軍徴用船行動調書と陸軍徴用船行動調書によれば海軍一三六八隻、陸軍六六五隻で合計二〇三三隻と記録される。

米海軍の通商破壊戦。米潜水艦の雷撃で沈没する日本の貨物船

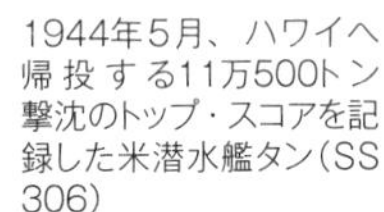

1944年5月、ハワイへ帰投する11万500トン撃沈のトップ・スコアを記録した米潜水艦タン（SS306）

ニューギニアで爆撃される日本の輸送船。日本船舶の喪失原因の2番目は航空攻撃だった

第36話　海戦史上の幸運艦

●呉の雪風、佐世保の時雨――

太平洋戦争中の日本海軍艦艇で甲型駆逐艦（陽炎型・夕雲型）あわせて三八隻の中で最後まで生き残った「雪風」（陽炎型八番艦）は幸運艦として良く知られている。米海軍の退役少将サムュエル・モリソン編纂の海軍戦史の中で「海戦史上最も幸運な艦」と呼ばれたのは日本海軍の駆逐艦「時雨（しぐれ）」であった。「時雨」は一九三六年九月七日に就役した一等駆逐艦白露型の二番艦だった。本艦は珊瑚海海戦からレイテ沖海戦まで九回もの海戦に参加しながら、大きな損傷も受けずに「幸運艦呉の雪風、佐世保の時雨」と称された。

「時雨」は全長一一一メートル、排水量一六八五トン、乗員二二二名、最大速力三四ノット（時速六三キロ）、最大航続力は速度一八ノット（時速三三キロ）で七五〇〇キロである。武装は一二・七センチ連装砲二基四門、一二・七センチ単装砲一基一門、四〇ミリ単装機銃二梃、六一センチ四連装魚雷発射管二基八門（魚雷一六発）、爆雷投下機二基（爆雷一六発）だった。

「時雨」が戦場に出たのは、本格的な日中戦争の端緒となった一九三七年八月十三日の第二次上海事変である。太平洋戦争では一九四二年五月に日本軍のポートモレスビー攻略作戦（MO作戦）中に発生した海戦史上初の空母対空母の戦いだった珊瑚海海戦に参加し、五月七日から八日にかけて空母群の護衛についたが無傷で帰還している。一九四二年六月初旬にミッドウェー島攻略をめざす日本軍と阻止する米軍との攻防戦であるミッドウェー海戦が起こり、「時雨」は主力部隊の護衛として出撃したが、ここでは機動部隊が全滅して途中から帰投している。この後、「時雨」はガダルカナル島輸送作戦に十数回従事するが、そのつど無事に帰還している。

一九四二年十一月十二日の第三次ソロモン海戦では「時雨」はガダルカナル島砲撃と増援部隊輸送（駆逐艦一六隻）に参加して、日米主力艦の砲撃戦となり、軽微な損傷を受けるがトラック島での応急修理を行なっている。そして同年末に空母「冲鷹」を護衛して、本艦は横須賀へ無事帰還した。

以降、「時雨」は横須賀とトラック島間の護衛に七回従事し、その後、ブカ輸送作戦、レカタ輸送作戦、コロンバンガラ輸送作戦などに十数回も参加している。一九四三年八月六日～七日のベラ湾夜戦時にコロンバンガラ島への輸送作戦中、六隻の米駆逐艦に四隻の日本駆逐艦が攻撃され、日本側は三隻が沈没したが、「時雨」はただ一隻幸運にもまた無傷だった。

一九四三年八月十七日、ベララベラ島へ上陸した米軍六〇〇〇名（日本軍六〇〇名）へ対抗するための支援作戦時に発生した第一次ベララベラ海戦は駆逐艦四隻同士の海戦で、日本の駆逐艦「磯風」「浜風」が損傷するが「時雨」は無傷だった。第一次ベララベラ海戦での増援部隊を撤退させるための第二次ベララベラ海戦は同年十月六日～七日に起こり、六隻の駆逐艦が再びベララベラ湾から陸兵を乗船させ、四隻の米駆逐艦が阻止を図ったが、駆逐艦「時雨」は無傷で任務を達成した。

一九四三年十一月二日のブーゲンビル島沖海戦は巡洋艦四隻、駆逐艦六隻でブーゲンビル島トロキナ岬に上陸した米軍を攻撃した。このとき四隻の米巡洋艦と八隻の米駆逐艦と戦闘になったが、「時雨」は唯一無傷の生存艦としてラバウルに帰還している。一九四四年二月に「時雨」はトラック島からラバウルへの物資輸送任務中に空襲に遭って損傷するが、パラオで応急修理の後に佐世保へ帰投、四月半ばまで修理と改修が施された。

ビアク島増援の渾作戦では一九四四年六月七日に「時雨」はニューギニア西部のソロンで陸軍部隊を乗船させて、駆逐艦六隻でビアク島へ向かうが連合軍艦隊と交戦になり、二隻が小破して増援作戦は中止され、本艦は至近弾などで損傷した。六月十九日から二十一日のマリアナ沖海戦で「時雨」は機動部隊の護衛艦の一隻だったが、このときも損傷なく戦場を離れて佐世保に帰投し、再びシンガポールとスマトラ島の間にあるリンガ泊地へ入港した。その後、本艦は八月にパラオ輸送の護衛に従事している。

レイテ沖海戦では「時雨」は西村艦隊所属だったが、十月二十四日に第一砲塔にロケット弾の直撃を受けたが、幸運にもそれは不発弾となった。翌二十五日のスリガオ海峡海戦では米PTボート（魚雷艇）群による攻撃を受けたが、ここでもわずかな損傷だけで西村艦隊唯一の生存艦となった。

しかしながら歴戦の幸運艦の「時雨」にも運が尽きるときが来た。一九四五年一月二十四日、マレー半島東岸でヒ八七A船団のさらわく丸の護衛中に米潜水艦ブラックフィン（SS322）の雷撃を受けて沈没、戦死者は三五名を数えた。

海戦史上の幸運艦と称された白露型駆逐艦の２番艦「時雨」

第37話　こぼれ話

●戦場のさまざまな視点――

飢餓作戦

飢餓作戦（オペレーション・スタヴェーション）とは太平洋戦争末期に米国が日本を飢餓へ追い込むことを目的とした作戦のコード・ネーム（秘匿名）である。すでに日本に対する通商破壊戦は潜水艦と航空戦力で達成しつつあったが、その仕上げとして一九四五年初めに日本本土の周辺海域、内海、港湾を大規模な機雷敷設により封鎖する飢餓作戦がニミッツ提督と米海軍により立案された。それを実行したのは第二〇米陸軍航空軍第二一爆撃集団のＢ29スーパー・フォートレス群だった。

一九四五年三月の第一期作戦で関門海峡、瀬戸内海の封鎖が行なわれ、第二期作戦は同年五月に実施され、八月の日本降伏まで続行されて延べ一六〇〇機を投入し、一万二一三五基（一万二二三九基説もある）の機雷が日本近海へ投下された。米軍は深度四五メートルくらいまでは一〇〇〇ポンドＭ26機雷とＭ36機雷を用い、それ以上の深度には二〇〇〇ポンドM25機雷を敷設したが、これらは磁気、あるいは音響式機雷だった。とくにM25は振動や波動が小さい低周波音響機雷であり、日本側は掃海できなかった。

これにより各種船舶六七〇隻、一四〇万トン(日本側資料では損害約七〇万トンのうち三〇万トン沈没、四〇万トン損傷としている)が沈没、あるいは大きな損傷により就役不能となり、その効果は破滅的で日本の工業生産は計り知れないダメージを被った。とくに食料不足により厳しい制限下にある国民は一層困難な状況下に置かれた。

米国の専門家はこの封鎖を続行すれば、一九四八年の春までに少なくとも七〇〇万人の国民が飢餓で死亡すると分析していたほどだった。わずか三年前に広大な太平洋とアジア諸国を占領した日本帝国は、最後に飢餓作戦で輸送手段を奪われて国民への生命線を絶たれてしまった。

戦後も機雷被害がしばらく続き、一九四五年八月二十四日、舞鶴での浮島丸触雷、同年十月七日の神戸沖の室戸丸触雷など一一八隻が損害を受けて、うち五五隻が沈没している。

ドイツ軍将軍の死亡率

第二次大戦中にもっとも多数の将軍を失ったのはドイツ軍であった。一九三九年九月のポーランド侵攻戦から一九四五年五月のドイツ降伏までの五年八ヵ月の間に戦死あるいは致命傷を受けた国防軍陸軍将官は一二三七人（空軍、海軍、武装親衛隊を除く）で、上級大将一名、大将一九名、中将五六名、少将六一名だった。

その内容を見ると、一一〇名ともっとも多いのが戦闘で戦死あるいは致命傷を負った師団長であり、平均すると三週間に一名の戦死である。つぎに二三名が軍団司令官で一三週間（三ヵ月）に一名、そして三名が軍司令官で九八週間（約二年）に一名である。詳細な死因は別として、三二パーセントが航空機による攻撃が主原因だった。つぎの原因は砲撃によるもので一四パーセント、小火器は一三パーセントである。

第二次大戦中のドイツ軍には陸軍、海軍、空軍のほかに武装親衛隊（ＳＳ）があり、これらの各軍の将軍・提督と名のつく者は三〇〇〇名もいて、将軍職はヒトラーの手っ取り早い褒賞手段として用いられ、多種の勲章とともに「将軍インフレ」と称されたほどである。たとえば米軍の場合、第二次大戦中の将軍・提督は約五〇〇名で、英国でも約四〇〇名であった。

またドイツで戦死とは別に処刑された将軍は八四名を数えた。北アフリカ戦で有名になったエルウィン・ロンメル元帥はヒトラーへの謀反の嫌疑により強制的自殺に追い込まれている。ドイツの場合もうひとつ別な理由が加わった。大戦末期の一九四四年七月二十日にオスト・プロイセン（現ポーランド）のヴォルフスシャンツェ（狼の巣）の総統本営で行なわれた作戦会議でのシュタウフェンベルグ大佐によるヒトラー爆殺未遂事件に関与したとして、反逆者となった将官は二四名にのぼった。残りは戦後のニュルンベルグ裁判にて戦争犯罪で断罪に処された将軍たちである。

米陸軍歩兵師団の自動車化率

米国の一個歩兵師団は約二〇〇〇両の自動車両を保有したが、これを馬力に換算すると三〇万馬力以上である。一個師団は原則的に兵員のすべてを一定時間内に兵員輸送車かトラックなどの自動車両に積載して迅速な機動が可能だった。一九四四年八月～九月にパットン中将の米第三軍がフランス進撃を迅速に行なった原動力は自動車化であった。

第二次大戦末期の欧州戦線の米歩兵師団の自動車化率は米本土における四・四人に一台より多くて四・三人に一台の比率になっていた。英国をはじめとする連合軍もこれよりは低かったがかなり自動車化率は高かった。また、一九四四年六月のノルマンディ戦からドイツ降伏まで、米軍は欧州戦線で約九七万両の自動車両を保有していた。

このような莫大な戦車、装甲車、トラック、兵員輸送車、自走砲、指揮車、ジープ、牽引車などの消費ガソリンもまた膨大な量に達した。一九四四年の一個米機甲師団を例にとれば一日約一〇〇トンのガソリンを消費し、ノルマンディ上陸成功後の一九四四年八月から九月のフランス席巻時の米軍は一日平均一〇万トンを消費した。

これに対してドイツ軍の一部の自動車化された装甲師団や装甲擲弾兵師団（自動車化）を除けば、多くの歩兵師団は徒歩と馬挽師団であり、一般的に自動車九四三両に馬四七〇〇頭で火砲牽引などは馬挽に頼っていた。この違いは軍事戦略上で大きな意味を持っていたといえる。

米戦艦の食材

第二次大戦後半の一九四三年当時の米新鋭戦艦ニュージャージー（排水量四万八五〇〇トン、四〇・六センチ主砲九門搭載）は二〇〇〇名の乗員を擁し、食事の消費量もまた莫大であったが、その待遇も世界一を誇っていた。

この典型的な戦艦の二週間分の食料を見てみると、一〇トンの小麦粉、一一〇〇キロのレモン（レモンパイは米海軍でとくに人気があった）、七七二キロのキュウリ、一一〇〇キロのレタス、八一六キロのサツマイモ、八二〇キロのトマト、八三〇キロのアスパラガス、五五〇キロのセロリ、一三六〇キロのニンジン、一八〇〇キロのオレンジ、八二〇〇キロの白ジャガイモ、六八〇キロの燻製ハム、九〇〇〇キロの冷凍牛肉、一八一四キロの冷凍子牛肉、二二六キロの昼食用肉、四五三キロの冷凍魚、同量のルバーブ（食用栽培品種）とおよそ一万六七八三キロの卵、海軍で人気の高いアイスクリーム原料一〇トン以上（戦艦、重巡洋艦、航空母艦などの大型艦専用）と四〜五トンのコーヒーはいうまでもない。その他に充分な量のビール、ウィスキーなどのアルコール類が加えられた。

ところで、米海軍で明文化されてはいないが、乗員たちはアイスクリームを食べる権利を有していて、ＰＸ（酒保）はアイスクリームを求める乗員の列がいつもできていた。米海軍の著名な軍事歴史家であるサミュエル・エリオット・モリソンは英国の艦船の乗員が、われわれ英艦では酒が優先するが米艦では勤務を終えた者がアイスクリームを求めるために酒保へ一直線に走る、という米国人の甘い物好きを表現している。

第三艦隊旗艦だった戦艦ニュージャージーに乗り組んだ二人の新前海軍少尉が、あるときアイスクリームを食べたくなり酒保へ向かった。だが、水兵たちの列が長かったので階級をかさにきて順番を無視して先頭に割り込もうとした。そのとき、「そこの少尉殿、元の場所にもどりなさい」と列に並ぶ年配の士官に丁寧に低い声で注意された。それは根気よく水兵たちと順番を待ってブーゲンビル島攻略戦前のひと時を過ごしていた米第三艦隊司令官のウィリアム・ハルゼー提督だった。

アメリカの戦争

第二次大戦中の一九四三年九月十四日、米国国会の上院の食堂でビーン・スープ（豆スープ）が供されなかったことが一度だけあったが、これは、一〇〇年に一回という珍事だった。それは米国の首都ワシントンで戦時供給システム上の理由により白いミシガン豆が不足したということだった。このビーンズ・スープが出ないということは上院でひと騒ぎになったが、翌日になるとこの問題は解決し、以降そのようなことは二度と起こらなかった。

大戦中の両陣営のすべての国々の指導層は、大小の違いはあれども物資の欠乏を経験したのは当然のことであった。しかし、米国は二正面戦争（欧州と太平洋戦線）を行ないながら、国民の物資不足の影響と経験は他国にくらべて極めて少ないものだった。衣服、肉、靴、その他にいくらかの制限があったが、国民は若干の不便を機嫌よく理解した。だが、ガソリンの使用制限はもっとも評判が悪く、国民に憤慨された。それは国民の四・四人に一台の割りで普及していた自動車こそが、つねに人々のロマンスの発生場所であったからである。そして、この制限は撤廃された。

リリー・マルレーン

兵舎の前
営門のわきに
ラテルネ（街灯）が立っている
それはいまでもまだ立っている
そこでまた君と逢おう
あの　ラテルネの下で
もう一度　リリー・マルレーン
（訳詞『リリー・マルレーンを聴いたことがありますか』鈴木明著 文藝春秋刊より）

リリー・マルレーンの歌は第二次大戦中の欧米でもっとも有名な歌として知られて

いる。しかも、枢軸軍、連合軍の両陣営で人気があった。この歌はセンチメンタルな雰囲気があり、戦闘に疲れた兵士たち、あるいは戦線から遠く離れた兵舎内の軍人たち、それぞれが女性との思い出を呼び起こすものだった。

この歌の原詩は第一次大戦の退役軍人から詩人、文学家となったハンス・ライプが、大戦時の一九一五年に自らがベルリン兵営の衛兵の任務についたときの体験をもとにして、「街灯の下の女性」(Des Mädchens unter der Laterne) というタイトルで大戦間の一九二三年に書き上げて『港の小さな手風琴』という詩集に収録したものだった。その後、数年の間にこの詩に曲がつけられたがヒット曲にはならなかった。

しばらくして、一九三六年にノーベルト・シュルツェというマイナーな作曲家(ゲッベルスの宣伝省のプロパガンダ映画の音楽家)が新たな曲をつけた。この歌を一九三九年にスウェーデン生まれの歌手ララ・アンデルセンが唄ってかなり知られるようになった。他方、国際政情が動き一九三九年九月一日にポーランドへドイツが侵攻して第二次大戦が始まり、翌年六月にフランスも制覇された。

一九四一年三月にバルカン作戦で東欧のユーゴスラビアも占領されて、首都ベルグラードにドイツ放送のラジオ局が設置された。このラジオ局のある局員の友人が熱砂の北アフリカ戦線で英軍と死闘を演じるロンメル将軍率いるアフリカ軍団の部隊に所属していて、この曲がお好みだった。そこで局員はその友人のために一九四一年八月十八日の夜にララ・アンデルセンが唄うリリー・マルレーンをラジオ放送で流したのである。

その後、局員は自分の音楽番組のシンボル歌として毎晩午後九時五十五分に、「こちらはベルグラード放送です。二十一時五十七分にダイヤルを合わせて下さい」のアナウンスから始まる放送でリリー・マルレーンの曲を電波に乗せたのである。

この音楽プログラムは北アフリカ戦線の故国の恋人を想うドイツ軍将兵の間でよく聴かれ、急速にリリー・マルレーンは有名になり、やがて、ともに戦うイタリア軍将兵へと広がった。英国のＢＢＣ放送は素晴らしいポピュラー音楽を放送していたが、ベルグラード放送を聴いた英軍部隊でも、そう時間がかからずに同様に人気曲になった。一九四三年初期にドイツ軍はチュニジアに圧迫されていたが、この曲は遅れて戦線に参加した米軍へ英軍を通じて伝播された。加えて反ナチ女優のマレーネ・ディートリッヒがレコーディングを行ない映画の中でこの歌を使用してポピュラー曲として浸透していった。

リリー・マルレーンは英語、フランス、イタリア、スペイン語版の歌詞があり、大戦後もドイツの在郷軍人をはじめとして人気曲としての座を維持した。ところで、原詩を書いた詩人のライプと作曲家のシュルツェは毎年四〇〇〇ドルの印税を一九七〇年まで受け取っていたとされる。

軍人は意見があったら述べよ

ほとんど知られていないが、第二次大戦中に米陸軍は動員中の米兵の動向を調査するために社会学者、統計学者を含む特殊部隊を設立して訓練中の兵士たちの調査を行なった。兵士たちはその後、戦線へ送られていったが、この調査結果は分析され活用された。戦後になってから、この戦時組織のベテラン調査員だったサミュエル・ストーファーという人物と数人の同僚が上下二巻の本にまとめて出版した。その調査結果は笑える話や悲劇など多くの兵士の側面を現わしているが、とくにショッキングな内容はなかった。

調査機関は、部隊に対して兵士たちはどのように有効か、士気は高いか低いかなどを調べたが、士官と下士官以下では意識がかなり異なっていた。また別の調査では実戦の経験ある軍人はより激しい訓練があった方がよいと回答したが、ベテラン兵士たちからの回答は下士官、士官に対してより厳しい規律と指導力を求め、上官である下士官、士官に対する評価には厳しかった。

戦闘経験豊かなベテランたちは訓練責任者として本土の訓練場へもどると戦場で生存する術を伝えたいと述べ、太平洋戦域帰りのベテランたちは時が経つほどに戦場が恐ろしくなったと答えた。欧州戦域帰りの兵も当初はそれほど恐怖を実感しなかったが、日々が過ぎるごとに恐ろしく感じる傾向が出ると語った。

北アフリカ戦線で初めてドイツ兵と相対した米兵たちの戦闘経験は以下のようにまとめられている。もっとも危険な兵器についてという問には調査対象の将兵の四八パーセントがドイツの優れた八八ミリ多目的砲をあげた。同じく兵士のみを対象とする設問でも六二パーセントが同様な答えをしている。このドイツの八八ミリ砲は本来は対空砲であったが、多目的砲の特徴を生かし対戦車砲として戦車撃破に威力を発揮して、英米軍に危険な火砲との評判を得た。

確かに、GIたちが受けたダメージは砲撃による原因が大きなパーセンテージを占めていた。つぎに危険な兵器は迫撃砲で一七パーセント、機関銃が六パーセントである。そして死傷者の三分の二は迫撃砲を含む火砲によるものであり、小銃(ライフル)が本質的に危険な兵器とはあまり認識されていなかったのは興味深い事実であった。

こうした調査は米軍の上級幹部により検証されて、方針決定の参考資料として用いられたが、現実的な見地から判断するベテラン指揮官からは無視されることも多かった。また、士気が低いと差別的に評された黒人部隊の指揮官などはこの調査結果に配慮しない傾向が強かったと指摘されている。

こうした将兵の意識調査はいくつかの欠点や欠陥があったにせよ、大戦中でありながら斬新な手法として、軍人を管理する一側面の意義があり、今日でも同じ流れが続いているのは一考に値する。

戦時下のソビエト工業の奥地移転

第二次大戦中のドイツ空軍は早期戦力化と経済的理由から四発長距離爆撃機を保有しない戦術空軍の道をたどり、戦争初期の装甲部隊を突破力とする地上軍を空から支援したが、戦争途中からは米国の参戦と長引く戦いにより輝きを失っていった。

一九四一年六月二十二日に始まったロシア侵攻戦では当初、地上軍が破竹の勢いで進撃を続け、危機感をつのらせたソビエトのスターリン首相と指導部は、戦争に必要な兵器生産工場を設備ごとドイツの手の届かない奥地へ一斉に移動させるという、ある意味の奇跡を達成した。しかし、ドイツ空軍には四発長距離爆撃機がなく、移転した工場群を爆撃することができなかった。

ドイツ軍侵攻一ヵ月後の七月にソビエトは膨大な人力と延べ一五〇〇万両の貨車を用

いる鉄道輸送力により、工場群を安全地帯へ移動させる一大国家プロジェクトを発動させた。同年十一月までの五ヵ月間でじつに一五二三の工場を完全に設備ごと撤収して新工場へ移転したが、とくに重要なことは兵器製造に必要な主要工場が一三六〇を数えたことだった。

移転先の工場はヴォルガ地区へ二二六ヵ所、ウラル山脈方面へ六六七ヵ所、西シベリア方面へ二四四ヵ所、東シベリア方面へ七八ヵ所、中央アジアとカザフスタン方面へ三〇八ヵ所であり、ソビエト軍の対独反撃戦の要となった。

自殺と離婚と戦争の関係

英国が第二次世界大戦に突入した翌年の一九四〇年の国民の自殺率統計によれば、前年比較で一五パーセント減少した。戦争二年目となる一九四一年には開戦時の三〇パーセント減と大幅に変化した。大戦中期の一九四二年では大戦前の三分の二にまで減じ、その状況は一九四五年の大戦終了時まで続いた。そして平和がもどった同年後半になると、ふたたび大戦前の比率に逆もどりしていた。

この動向について、若い兵士たちが生か死かの戦場で本能的に身を守る自衛行動を優先させていたからだとする学説が紹介された。

そして、離婚率に関するデータでは自殺率と同様に下降したが、戦争が終わってそれぞれの兵士が故郷の自宅へもどると、ふたたび離婚率が上昇した。これは夫を軍務に取られた家庭ではトラブルを起こす相手がいないからだと英国の学者が説明するが、本当の理由は分かっていない。

モロトフ・カクテル

第二次大戦中、モロトフ・カクテルと呼ばれてロシアの戦場でよく用いられた火炎瓶は、戦闘車両への攻撃で威力を発揮したが、即製、簡便な兵器として多くの戦場で使用された。だが、この火炎瓶はロシアが発祥地ではなかった。また、これは一九三九年〜一九四〇年にソビエト・フィンランド戦を戦ったフィンランド軍兵士による造語であった。

いうまでもなく、火炎瓶はガソリンを充塡した瓶に布切れを垂らして火をつけて投擲する粗野な手製兵器である。戦場で使用されたのは一九三〇年代後期のスペイン内乱（フランコ将軍の共和国政府に対する軍事反乱）時に政府軍を支援するソビエト戦車へ向かってフランコ軍の兵士が投げたのが最初といわれる。

そしてソ・フィン戦時に優勢なソビエト戦車を阻止するために弱装備なフィンラン

ド軍兵士たちが効果的な火炎瓶兵器を造り出した。これはフィンランドの酒造業界が酒の空瓶を提供し、ガソリンを充填して瓶口へ点火用のガソリンを浸した布を巻くか硫酸のアンプル（小瓶）を取り付けた。

約七万本のモロトフ・カクテルは国境の森林地帯を進行してきたソビエト軍の装甲戦闘車両群に兵士が投擲して大きな損害をあたえた。この戦いでソビエト軍はじつに二三〇〇両もの戦車を失い、四ヵ月にわたる戦闘を続行せざるを得なかった。このモロトフ・カクテルを経験したソビエト軍が、こんどは一九四一年六月のドイツ軍によるロシア侵攻戦で戦車を攻撃する手製兵器として用いたのである。

報復爆撃の始まり

人口密集地への爆撃はドイツ空軍が先か英空軍が先かという論争が今日も続いている。この無差別爆撃の最初は、一九四〇年五月十日、英空軍によるドイツのフライブルグ攻撃であるとしばしば指摘される。英国の著名な軍事史家で英退役少将J・F・C・フラー（戦車戦の権威）もこのフライブルグ爆撃が無差別爆撃の始まりだとし、これにはチャーチル首相に責任があると指摘している。フライブルグ爆撃では二四人が死亡したが、うち一三人は公園で遊んでいた子供たちだった。英空軍省の次官は一九四二年になってから、一九四〇年五月十一日にドイツの軍事通信施設を爆撃したと公式に発表している。
　しかしながら、じつはフライブルグ爆撃はドイツ空軍による誤爆であった。当時、ドイツ空軍は三機の爆撃機をもってフランスのディジョン爆撃を行なったが、当日は天候が悪くて曇り空だった。爆撃隊指揮官機の航法ミスにより飛行位置をディジョン上空と誤判断して爆弾を投下したが、そこはドイツのフライブルグであった。しかも、信じ難いことに目標から二二四キロも外れていたのだった。そして、これを契機としてたがいに報復爆撃を招く結果となった。

統領（ドーチェ）ムソリーニの機密日誌

　一九四三年七月下旬にイタリアのファシスト党首で独裁者だったベニト・ムソリーニが政権を追われてポンツァ（ナポリに近いポンツァーネ諸島）へ追放されたとき、日誌をつけて保持することが許されていたが、それは短いもので七五行ほどのメモであった。そのテーマは警戒、観察、推察、熟考、そして回想である。書かれた内容は孤独、諦め、絶望の雰囲気が漂い、自身の栄光と没落までの過去に起こったことを綴っている。

一九〇八年（実際は一九〇九年）のオーストリアからの追放、介入（恐らく一九一五年のイタリアの第一次大戦への参入を意味する）、一九二二年のローマへの進軍、一九二九年の教会と国家の和解、一九三六年の帝国の復活、一九四三年の権力喪失、そして、ついに無残な死（ムソリーニは一九五〇年に死を迎えると信じていたようである）を迎える、と認められている。

ムソリーニの日誌には、第二次大戦勃発時の一九三九年に自分自身の「不安で絶望的な努力」と、陣営の対立と戦争についてドイツと英国は同様に責任があると信じると記していた。その根拠として英国はポーランドへ無条件で安全保証をあたえ、ドイツは強力な軍事力を保有して使用する強い誘惑にかられたからだと主張する。

ムソリーニは権力を失う直前の七月のオーストリアとの国境に近いフェルトレでのヒトラーとの会合を回顧して「苦しみの週だった」と述懐し、「ヒトラーは友好的で遠慮がちであったが、ある時点から二時間にわたり激しい独白を行なった」とも述べている。このとき、ヒトラーに随行していた国防軍最高司令部総長のカイテル元帥が、「今すぐにわれわれに必要なものを提供していただきたい。とくに、ローマ防衛のための航空戦力を……。そして、結局のところ、ドイツもイタリアも同じ船に乗っている」と締めくくったと回想している。

戦後、米軍がドイツ外務省から押収した機密文書の中から発見されたドーチェ・ドキュメントと称されるファイルがあり、それは写真複写されたムソリーニの機密日誌であり、内容はドイツ語に翻訳されていた。

クーデターによって権力を失ったムソリーニはその後、アペニン山脈のグランサッソの山荘ホテルに幽閉されていた。一九四三年九月十二日にスコルツェニーSS（親衛隊）少佐の指揮する特別空挺攻撃隊によるグライダー奇襲で救出されるが、ムソリーニ日誌はドイツ側に抑えられた。一九四四年にムソリーニは日誌の返還を申し入れ、複写をとられて返却されたがオリジナル日誌は発見されていない。そしてムソリーニは一九四五年四月二十八日に内戦状態にあったイタリア武装パルチザンにより殺害された。

おならと野菜

通常、海面上の一気圧は一〇一三ヘクトパスカルだが、高度一五〇〇メートルで八五〇ヘクトパスカル、五八〇〇メートルで五〇〇ヘクトパスカルと半分に減ずる。地上でつねに一定の気圧を受けている人間の身体は外部圧と内部圧が互いに打ち消し合って平常でいられるが、ときに台風襲来時などで低い気圧となると、自立神経がアンバランスとなり身体に影響をあたえる。

ところで第二次大戦中、高度八〇〇〇メートル以上を飛行する気密室（与圧室）を備えた航空機は別として、軍用機の多くはそのような装備はなくパイロットと乗員は高度五〇〇〇メートル程度の高度で飛行中に腸内で数回、ガスの膨張（膨満）現象を経験した。これは薄い空気と低い気圧が原因で腸内のガスが膨張し、膨満感として身体的不愉快さを生じさせたのである。たとえば、山頂でポテトチップスの袋が内部から膨らむ現象に似ているといえようか。

この腸内ガスはときに痛みをともない、身体を衰弱させて死にいたる場合もあったとされる。気密室のない爆撃機や戦闘機乗員たちは何らかの対策が必要だとしていたが、ひとつの解決策が食事療法にあった。それは発生ガスの九九パーセントが窒素、酸素、二酸化窒素、水素、メタンであり、その成分の多くが「おなら（屁）」ではないかと推定されたが、実体は成分中の一パーセントに過ぎなかった。

そこで、パイロットと乗員はガスを発生させる原因となる食物繊維食材である豆類、とうもろこし、玉ねぎ、芋類、キャベツ、ねぎ、きゅうりなどを食事から外すという、極めて人間的な方法でこの問題を解決したのだった。

変わったコードネーム（秘匿名）

第二次大戦時に連合国軍が実行した作戦、戦争に関係する人物、場所など、さまざまな状況下で用いられたコードネーム（秘匿名）は、少なくとも一万を超えると英国の公式記録所（Britain's Public Record Office）では推定している。そのようなひとつの例としてもっとも有名なものは歴史的軍事作戦だったノルマンディ上陸作戦の秘匿名オーバー・ロードである。

実際にコードネームは軍事行動に適用されたものが多かったが、あまり知られていないコードネームに英国政治家のチャーチル、あるいは米大統領ルーズベルトにちなんだものもあった。

そのような中で米国のジョセフ・W・スティルウェル大将が用いたいくつかのユニークなコードネームを英国の公文書記録所のファイルから抜粋する。

アドミラル（提督）Q（またはヴィクターとも称された）／米国のルーズベルト大統領を意味する。

アリババ／ロシア人を指す。

ブレイド（三つ編み）／連合国首脳の戦略会合カサブランカ会談のマーシャル大将

のことでカイロ会談時は中国の蔣介石を意味した。

セレステス（女性の名）／カサブランカ会談時の中国の蔣介石を示した。

コロドン／米国務長官エドワード・ステティニアスを意味した。

コンポスト（堆肥）／英外務大臣アンソニー・イーデンのこと。

デスティニー（運命）／米陸軍を示す。

ダックピン（ボーリングのピン）／連合国遠征軍最高司令官のD・アイゼンハワー元帥。

エクアドール／ギリシャ人を意味する。

元海軍軍人（ワーデン大佐とも称した）／チャーチル首相を意味した。

グリプティック（宝石彫刻）／ソビエトのスターリン首相のこと。

ゴリウォッグ（英国の児童文学者）／自由（英国亡命）フランス軍を意味した。

アイスブリンク（氷の崖）／一九四五年の国務長官ジェームス・フランシス・バーンズのこと。

ジュリアン（ユリウス歴）／ロンドンのソビエト大使イアン・マイスキーを意味する。

キルティング（衣服のキリルティング）／死去したルーズベルトの後を継いだ米大統領トルーマンを指す。

キングピン（ボーリングの五番ピン）／フランスのアンリ・ジロー将軍のこと。

ラウンドレス（洗濯女）／ドイツ占領下のフランスのヴィシー政権を意味する。

モスバンク（モス銀行）／ドイツの傀儡だったフランスのヴィシー政権のピエール・ラバル首相のこと。

ピーナッツ／中国の蔣介石を意味する。

ピーター／ソビエト外務大臣モロトフを示す。

シンバッド（千夜一夜物語のシンドバット）／米国務長官コーデル・ハル（一九三三年から一九四四年まで）を意味した。


これらのコードネーム（秘匿名）は一九四二年二月以降に中国・ビルマ・インド戦域米陸軍司令官と連合軍東南軍副司令官を務め、一九四五年一月にワシントンの陸軍地上軍司令官だったジョセフ・W・スティルウェル大将（中国政策に詳しかった）が公式に承認して用いたものであり、蔑称あるいは軽蔑といった類いのものではなかった。後にスティルウェル大将の日誌が公開されたとき、これらのコードネームは中国の蔣介石を含めてすこぶる評判が悪かった。しかし、実際は必要なときに英米将官の間で秘匿目的により用いられたに過ぎず、作戦コードではなかった。

飢餓作戦で日本沿岸部に機雷を投下するB29爆撃機

指揮官戦死で弔銃を放つドイツ兵士

完全自動車化された米歩兵師団の車列

米海軍将兵に人気のあった艦内アイスクリーム販売所

リリー・マルレーンの歌詞を書いた詩人のハンス・ライプ

ウラルの移転工場でＴ34戦車生産に従事する女性労働者

左：モロトフ・カクテルを投擲するフィンランド軍兵士
左下：幽閉先の山荘からドイツ特殊部隊に救出されたベニト・ムソリーニ
右下：連合軍首脳をコードネームで呼んだ米陸軍のスティルウェル大将

第38話　ボディガード作戦

●史上最大の作戦のための史上最大の欺瞞作戦――

第二次世界大戦時、連合国による対独戦勝利への決定的軍事行動は一九四四年六月六日に行なわれた史上最大の欧州反攻ノルマンディ上陸作戦であるが、その成功の陰に軍事史上類を見ない大規模な欺瞞作戦が展開された。

D・アイゼンハワーが率いる連合軍総司令部（SHAEF）内における秘匿と欺瞞計画の実行機関は特殊手段委員会（CMS）B作戦課で課長はノエル・ワイルド大佐である。大戦五年目の一九四四年の西北欧州における連合軍の真の反攻計画を、さまざまな欺瞞と策略をもってヒトラーとドイツ戦争指導部をペテンにかける手段の総称をボディガード作戦と称したが、戦略的見地から二つの明確な目的があった。

それは、一つにヒトラーの軍隊をドイツが占領する欧州各地に分散させておき、連合軍による北フランスのノルマンディ上陸時に敵の防衛兵力を集中させないようにしなければならない。二つにドイツ軍の情報、通信、補給など軍隊に不可欠な支援組織を混乱に追い込む必要があり、このために、裏付けのある真実に近い欺瞞計画を広範囲にばらまいてドイツ側の判断をくるわすことである。これが成功すればヒトラーと国防軍最高司令部（ＯＫＷ）に正確な欧州大陸反攻の時期と場所の特定を誤らせることができる。

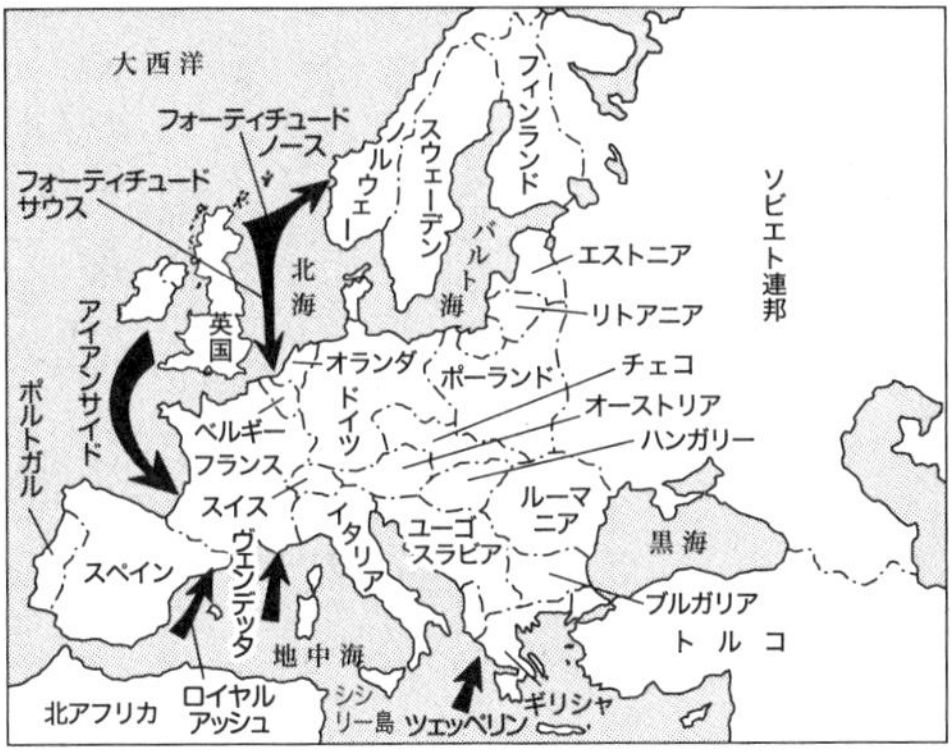

この終局的な目的に沿って具体的にいくつかの主要な方策が定められた。

第一に、連合軍の欧州上陸戦のための英本土兵力集中が遅れて一九四四年七月以降（実際の上陸日は六月六日）でなければ実施できないとし、これを裏付けるために戦略爆撃を優先的に強化して、連合軍は爆撃強化によりドイツ崩壊を意図していると判断させる。

第二に、実際に計画された上陸地点にドイツ軍の迎撃兵力を集中させない。このために西欧州のドイツ側の防衛態勢に穴を発見し、その地点に上陸戦が実行されると推定させるために、英本土内に巨大な上陸予備軍を準備していると見せかける。

第三に、中立国スウェーデンを連合国側に加担させ、同国の港湾と飛行基地を利用して一九四四年夏にドイツ占領下のデンマークへの上陸作戦を計画し、この作戦を成功させるために北欧のノルウェーへ上陸作戦を行なうとする欺瞞策を実行する。これにより、北フランスの実際の上陸地へのドイツ軍の迎撃戦力の移動を阻止する。

第四に、ドイツ軍をバルカン方面に拘置したままにしておくため一九四四年春にもっともらしいいくつかの連合軍の侵攻計画を準備する。具体的にいえば、ギリシャ侵攻、あるいはドイツにとって重要なルーマニアのプロエスチ油田へ侵攻の脅威をあたえ、またトルコを連合軍側に参戦させて中部欧州侵攻作戦の基地提供の計画を浸透させることである。

第五に、ロシア戦線から西方へのドイツ軍兵力の抽出を阻止しなければならない。このためにソビエトは一九四四年六月以降でなければドイツ軍に対する夏季攻勢に転じないという情報操作によりドイツ側を逡巡させて、何が最優先であるかの決定を下せないようにする。

第六に、連合軍はフランス海岸とベルギー、オランダ方面のドイツ防衛軍の強力な兵力と強固さを警戒して、侵攻には少なくとも五〇個師団以上の兵力が必要と認識して訓練と作戦準備のために、一九四四年夏までは欧州反攻戦は可能ではないと考えていると信じ込ませる。

このボディガード作戦は対抗する枢軸諸国は無論のこと、味方連合軍諸国、そして中立国をも巻き込んだ壮大な世界規模の欺瞞作戦で、その成功のために四〇以上の欺瞞作戦と付随する無数の計画が立案された。なかでも連合軍の真の上陸地点の秘匿と一九四四年七月以前には実施できないと敵に信じさせるフォーティチュード（剛勇）作戦が重要な役割を有していた。

指揮総責任は連合軍総司令官のアイゼンハワーであり、運用上の責任は同総司令部に所属する特殊手段委員会（ＣＳＭ）と、英国のチャーチル司令部直轄の軍事総合計画と立案組織である統合計画参謀部に所属したジョン・ベヴァン大佐が指揮するロンドン指揮所が戦略秘匿と欺瞞計画の実行機関だった。ベヴァン大佐は英国で前例のない大きな権限を付与されて、英外務省と米国務省はもちろんのこと、政治や経済の中枢諸機関が協力した。

大佐は他に、英情報機関で対敵情報と国内保安に任ずるＭＩ５（軍事情報第五課）、秘密情報機関のＭＩ６（軍事情報第六課）、陸軍省所属で欧州から脱出する人々を支援したＭＩ９（軍事情報第九課）とも連携した。また、欧州のスパイ戦を組織的に指揮するSOE（英特殊作戦部）や同じような役割を果たす米国のOSS（戦略情報局）の現地情報員とも密接な連絡が可能だった。

ベヴァン大佐は米国のペンタゴン（国防省）へ派遣された英軍事代表部付のH・M・オコンナー大佐を指揮下に置いていたが、オコンナー大佐は米国の陸海軍の情報部長で構成されるJSC（統合機密保安部保全部）と連携していた。加えて、ロンドン指揮所は地中海方面、東南アジア、インド、中近東にAフォース（A部隊）という欺瞞作戦の実行機関を持ち、モスクワ駐在の英、米軍事使節団と連携したほかに、連合軍の各軍集団司令部の情報部門とも連動した。

当初、この計画を説明された連合軍総司令官アイゼンハワーと米国の統合参謀本部は懐疑的であったが、結果として承認された。

こうしてヒトラーを欺く大掛かりな芝居の幕が上がった。目的達成のためにさまざまなルートから少しずつ漏れ出された情報は、ドイツの情報陣が丹念に繋ぎ合わせる膨大な作業の結果として、みずから結論を出すまで続けられるのである。

ノルマンディ上陸半年前の一九四四年一月の段階で、ドイツ軍の三〇二個師団は上陸戦の主戦場となるフランスに六〇個師団、激戦を続ける独ソの戦場に一八〇個師団、バルカン半島に二六個師団、すでに戦場となったイタリアに二一個師団、連合軍の上陸を警戒して北欧のノルウェーとデンマークに一五個師団を展開していたが、俯瞰的事実はボディガード作戦の欺瞞効果であることを示していたといえる。

ここで、ドイツ駐在日本国大使の大島浩の名前が出てくる。大島大使がドイツから日本へ発信する機密電文はヒトラーとドイツ戦争指導部の考えを大きく反映していた。英国のロンドン郊外にあるブレッチェリー・パークのＸステーション＝ＧＣ＆ＣＳ（政府暗号と暗号学校）と呼ばれる秘密機関で解読されるドイツのエニグマ暗号とともに大島電文も解析されて、ウルトラ情報として政府高官に限定配布されていた。

ドイツ国防軍情報部（アプヴェア）が戦前と戦中に英国へ送り込んでいた情報員はあらかた逮捕されて、ＸＸ委員会（ダブルクロス）（ダブルクロスは裏切りを意味する）に取り込まれてしまった。そして委員会の監督のもとに、健全に活動中だということを示すために、真実と欺瞞情報をドイツへ送信し続けていた。彼らもボディガード作戦の一部としてドイツ情報陣をだます役割を演じていたが、このＸＸ委員会による二重スパイ活動は英独情報戦の深部で広がり、じわりと影響をあたえた。

ドイツのヒトラーを頂点とする縦割り組織は組織間の敵対と競合を生み出すこととなり、横の連携と情報共有もなかった。Ｒ・ハイドリッヒの率いるＳＳ（親衛隊）保安本部とＷ・カナリス提督が指揮する国防軍情報部の暗闘はドイツの情報戦に悪影響をおよぼして、本来優れていたドイツの情報獲得能力と精度はしだいに低くなり、ヒトラーは充分な情報が得られなくなっていた。

世紀の欺瞞戦のもう一つの成功の鍵はソビエト政府の支援の獲得であった。一九四四年一月末にベヴァン大佐とバウマー大佐は協力を求めるためにモスクワへ向かったが、二月七日まで待機させられ、やっと会談が行なわれたもののソビエト側の疑念と不信感によりなかなか理解が深まらなかった。しかし、英米軍もソビエト軍もともに一九四四年七月まで攻勢作戦が実施できないとする欺瞞策と、ノルウェー方面、ブルガリア、ルーマニア方面への共同侵攻欺瞞作戦は三月三日に合意された結果、英米軍は一九四四年六月一日、ソビエトは六月十日に対独反撃攻勢が開始されるのである。

一方、ボディガード作戦はいくつもの複雑な局面に介入していた。ドイツの同盟国ルーマニアのプロエスチ油田はドイツの石油消費量の三分の一をまかなっていた。そのルーマニアを連合国へ接近させてナチ帝国との間に紛争を惹起させることで、ロシア戦域からの戦力抽出を阻止しフランス防衛軍の戦力を弱体化させる必要があった。このためにひそかに流布されたバルカン半島侵攻情報と国際政治上の陽動は効果を生み、ヒトラーはドイツの同盟諸国を自陣営に引き留めておくためにフランスにあった精鋭三個師団を移動させたのはボディガード作戦の大きな成功例だった。

そのようなドイツの重大時に国防軍情報部長だったカナリス提督が親衛隊との確執から反逆疑惑により解任され、ますますドイツ情報収集組織は弱体化して、連合軍の機密保持はずっと容易に保たれるようになった。

このカナリス提督は国防軍情報部長の地位を利用して巧妙に連合軍側に情報を流していた。一九四四年二月から五月まで連合軍総司令部の作戦情報部で膨大な情報を分析していたのは米陸軍のJ・O・カーチス大佐であるが、セクション・チーフは英軍のE・J・フールド大佐だった。そのフールド大佐がカーチス大佐に話したところによれば、ドイツ側に関する情報の多くは英国のウルトラ情報からもたらされるが、それとは別にドイツ国防軍情報部長カナリスからのものがあり、ルーズベルト、チャーチル、アイゼンハワー、モントゴメリーなどしか知らないトップ・シークレットであると驚くべきことを伝えたのである。

この情報の伝達はドレッドノート（弩級戦艦）、あるいはアルバトロス（あほう鳥）という秘匿名で英国情報機関MＩ6への無線通信、また中立国を経由する特使が運んだと付言した。

カナリスの祖国反逆がヒトラー排除であったという思惑はともかくとして、カーチス大佐は、カナリス情報はA1からA6まである情報の重要度を示すランクの中でA

1であったと述べ、とくに連合軍の欧州反攻戦時に対応するドイツ側の兵力編成の情報は連合軍にとってもっとも有効なものだったと回顧している。

ところで、英国ではドイツ軍の弱体部へ侵攻するという欺瞞計画のために、米国の著名なジョージ・パットン中将率いる実在しない第一軍がメディア宣伝と欺瞞策によりドイツ側に脅威をあたえ、その一方で、英国で集結中の真実のノルマンディ侵攻部隊は充分に訓練されて強力になっていた。ボディガード作戦の大枠は成功して、ヒトラーの軍隊は連合軍の複数の侵攻地と目される地域にじっと張り付いていた。

時は迫り、次は真の上陸地点と日時の秘匿である。これはボディガード作戦の派生欺瞞策でフォーティチュード作戦と称された。

もともと、北フランスの上陸地点の決定は一九四三年六月二十八日にスコットランドのラーグスにあるハリウッド・ホテルで行なわれたラットル会議で議論された。英側六一名、米側一五名、カナダ側五名で議長はルイス・マウントバッテン英海軍大将で、議論の結果、海峡幅の狭い北フランスのパド・カレーではなくノルマンディ海岸が選ばれた。

そして、もっとも上陸がありそうなパド・カレーが欺瞞策の侵攻地となり、一九四四年七月二日前後の侵攻日となるように焦点が合わされ、以降九ヵ月間にわたりドイツをだまし続けた。そういう意味でフォーティチュード作戦はボディガード作戦の中で最も重要な役割を演じたといえる。

ノルマンディ上陸の秘匿名はオーバー・ロード作戦で、上陸までの段階を秘匿するのがネプチューン作戦、それを秘匿する欺瞞策がフォーティチュード作戦である。ノルウェー方面への侵攻脅威の造成、ノルマンディ上陸時期と上陸地点の欺瞞、パド・カレー地区への侵攻の真実性と脅威の造成などは着々と成果をあげていたが、これらはドイツの八〇～九〇個師団を支援部隊とともに上陸地点ノルマンディから切り離すことが目的だった。

ところで、フォーティチュード作戦には二種類あり、ひとつは北欧ノルウェー方面への侵攻を想定させるフォーティチュード・ノース作戦で、もう一つは北フランス方面への侵攻を思わせるフォーティチュード・サウス作戦と称した。

フォーティチュード・ノース作戦は英米軍とソビエト軍の合同侵攻作戦により、北欧のノルウェー、スウェーデン、デンマークを発進地としてナチ帝国を北方から攻撃するとみせかけて、一九四三年末以降ノルウェーに配置された三〇万以上の兵力を残地させる欺瞞戦である。

この欺瞞ノルウェー侵攻を担当するのは実在しない英第四軍ということになってい

て、指揮官は第一次大戦時の英雄だったマクレオド大佐であった。一九四四年四月からスコットランドに軍が配置されたという架空の設定にして、軽暗号か平文通信の無線通信を活発に行ない、中隊、大隊、連隊、旅団、師団、軍団、軍の間で偽通信による大軍の存在感を高めた。

しかし、優秀なドイツの通信傍受部隊は健在であり、おそらく英国側のトリックだと疑うであろう。そこで決定打をあたえるためにXX委員会が利用された。英国へ潜入した国防軍情報部のスパイたちの多くは捕らえられて英国の二重スパイとなっていたが、一九四一年四月に潜入して逮捕された秘匿名マットとジェフが利用された。マットはソビエト軍のブジョンヌイ将軍の訪英をドイツへ打電して、連合軍との共同作戦があるというイメージ造成を図った。ジェフは架空の英第四軍の存在情報を発信した。

すぐにドイツ側は、これらの情報を確認するためにトライシクルとガルボというスパイに裏付け情報を要求してきた。だが、彼らもすでにXX委員会の手中にあり、ソビエト艦隊と上陸部隊がノルウェー攻撃のためにソビエトのコラ湾ムルマンスクに集結中だと打電した。

これ以外にも多くの政治戦や経済戦が加わり、作戦の全容はほとんど捉え難いほど複雑だった。こうした欺瞞策の結果、ヒトラーはノルウェーに一三個師団を配置して連合軍の虚構の侵攻を待ち受けたのである。

フォーティチュード・サウス作戦は、もし、パド・カレー地区防衛のドイツ軍がノルマンディ地区へ移動したならば、無防備となったパド・カレーへ侵攻するとする架空の米第一軍集団の存在を意識させる欺瞞策だった。これについては有名なジョージ・パットン中将が米第三軍を指揮してノルマンディ上陸戦を戦うことになっていたが、それまでの間、架空の米第一軍集団司令官という役回りにしばらく名前を貸すことになったが、これはクイックシルバー（水銀）作戦と呼ばれた。

パットンは英国滞在中に派手な言動で多くのメディアに登場して宣伝マンの役割を果たし、ドイツ軍内でも良く知られた存在であったので、情報は中立国を経由してドイツへ達して、ヒトラーのパド・カレー侵攻の真偽の判断に一つの根拠をあたえた。

ほかにもさまざまな欺瞞作戦が実施された。たとえば、アイアンサイド（勇猛な人）作戦は北フランスのビスケー湾上陸の秘匿名でボルドー方面のドイツ第一軍をその地に張りつけておくことが目的だった。また、マルセイユ地区侵攻の欺瞞策によりドイツ第一九軍を移動させない目的のヴェンデッタ（復讐）作戦もあった。

これらの壮大な虚構計画は連合軍の高等指揮系統に混乱をもたらす恐れがあったが、

ベヴァン大佐らの緻密な計画と強力な指導により、欺瞞と真実が混同されることがなかったのは幸いといわねばならない。

ドイツではこの時期に国防軍参謀本部で西部戦線の情報を担当したのは解析と評価に優れ、ヒトラーの信頼を得ていたフレムデ・ヘーレ・ヴェスト（FHW＝西方外国軍課）の課長アレクシス・フライヘァ・フォン・レンネ大佐だった。大佐が早い段階から連合軍の多くの欺瞞作戦について理解していたのは、ドイツ軍の優秀な無線傍受部隊の情報解析によるところが大きかった。実際に通信分析情報により一九四四年前半にレンネ大佐は連合軍の主力攻撃はバルカン半島ではなくフランスを真意とし、オーバー・ロード作戦と呼ばれて英国本土で決戦兵力を集結中であると正しい分析をしていた。

他方、親衛隊（SS）長官のH・ヒムラー傘下でR・ハイドリッヒが指揮する国家保安本部で情報を扱うSD（親衛隊保安局）のⅥ部外務担当はW・シュレンベルグである。他方、国防軍情報部（アプヴィァ）部長のW・カナリスは国家反逆の嫌疑で解任されていた。以降、国防軍情報部は力を失ってしまい、情報組織の主導権を獲得したSDがレンネ大佐の連合軍の兵力分析結果を操作してヒトラーへ報告していたという背景があった。

　しかし、レンネ大佐に集まる情報の信頼度はしだいに低くなり、欧州反攻軍は約九〇個師団と空挺七個師団と見積もり、ノルマンディ上陸は牽制攻撃であり、米第一軍集団（実在しない）が上陸するとみられるパド・カレーこそが主攻戦線だと判定された。実際は侵攻三〇個師団と空挺五個師団の兵力だった。レンネ大佐の分析はまさにフォーティチュード・サウス作戦分派のクイックシルバー作戦ででっち上げられた欺瞞戦力そのものだった。

　上陸日前後の悪天候予報による警戒態勢のゆるみ、ノルマンディとパド・カレーの両睨みの迎撃態勢、司令官ロンメル元帥の一時帰国など、ドイツ軍にとって隙を衝かれたところがあったにせよ、情報戦の分野ではあきらかに欺瞞戦を成功させた連合軍ペースになっていた。これは、上陸戦が実施された六月六日の正午に行なわれた総統作戦会議に提出されたレンネ大佐の情報報告書に述べられた内容から読み取ることができる。

　ノルマンディ上陸戦は大規模であったが投入兵力は一〇～一二個師団であり、レンネ大佐が見積もった英本土集結中の六〇個以上の師団兵力から見れば小兵力である。レンネ大佐は英本土に集結中の架空の米第一軍集団の二五個師団とスコットランド方面にある同じく架空の英第四軍は確かなものとして、英国海峡周辺でより大規模な侵攻作戦を企図しているとした。そして諸般の状況から最終目的地はパド・カレーだと結論づけた。この分析はヒトラーの考えと一致して、総統自身最後までパド・カレー主攻説にこだわり、連合軍の上陸を許す結果となった。

かくて、英国のボディガード作戦は仕上げられて一九四四年六月六日早朝に実施された連合軍による史上最大のノルマンディ上陸作戦は成功するのである。

成功した史上最大のノルマンディ上陸作戦

連合軍総司令部の幹部たちで中央がアイゼンハワー元帥

欺瞞作戦を立案実行したロンドン指揮所のメンバーで中央がベヴァン大佐

ヒトラー（右）と握手する大島浩駐ドイツ大使

上：国防軍情報部長カナリス提督(右)と親衛隊長官ヒムラー（左)、中央は宣伝大臣ゲッベルス
左下：ジョージ・パットン中将。上陸戦まで架空の米第一軍集団長指揮官を演じた
右下：ドイツ国防軍の情報責任者だったV・レンネ大佐でパド・カレー主攻撃と解析した

主な参考出典

第1話 独仏戦の見えない背景
『ヒトラーに対する戦争・西方の軍事戦略』
The War Against Hitler: Military Strategy in the West, By Albert A. Nofy

第2話 タンクの出現によって
『ランドシップ・第1次世界大戦の英国戦車』
Landships, British Tanks in the First World War, By David Fltcher, Her Majesty 'Stationery's Office, London, 1984

第3話 初期の各国機甲師団
『機甲部隊の発展の歴史』
Forging the Thunderbolt: A History of the development of the Armored Forces, By Mildred H. Gillie, Military Service, Publishing, 1947

第4話 ドイツ電撃戦の裏側で
『第2次世界大戦年鑑・1931 - 945』
World War II Almanac, 1931-1945, By Robert Goralski, Bonanza Books,1981

第5話 軍馬
『軍馬』
War Horses: A History of the Horses and Riders, By Louis A DiMarco

第6話 第二次世界大戦と歴史艦
『第2次世界大戦で失われた軍艦』
Warship Losses of World War Two: By Robert Beown, Arms and Armour, 1990

第7話 ヒトラーの騎士鉄十字章
『ドイツ空軍の騎士鉄十字章』
Die Ritter Kreuz Trager Der Luftwaffe, By Ernst Obermaier, Verlag Dieter Hoffmann, 1966

第8話 米国のレンド・リース(武器貸与法)
『第2次世界大戦の小さな汚れた秘密』
Dirty Little Secrets World War II , By James F. Dunnigan and Albert A. Nofy, Morrow, 1994

第９話 ゲーリング元帥の空軍野戦軍
『降下装甲師団ヘルマン・ゲーリング・ドイツ空軍装甲師団史1933 - 1945』
Fallschirm-Panzer-Division Hermann Goring: A History of The Luftwaffe Armored Division 1933-1945, By Lawrence, Patterson, Greenhill Books

第10話 連合軍護送船団
『海の戦い1914 - 1945』
War at Sea 1914-1945, By Bernard Ireland, Cassel, London, 2002

第11話 Ｕボート戦の決算書
『Ｕボート作戦 1914 - 1945』
The U-Boat Offensive 1914-1945, By V.E. Tarrant, Naval Institute Press, 1989

第12話 ヒトラーの外国人部隊
『髑髏の下の秩序・ＳＳの歴史』
Der Orden Unter Dem Totenkopf-Die Geschichte Der SS, By Heinz Hohne, Gondrom Verlag, 1989

第13話 戦艦ビスマルクを発見した米国人パイロット
『ＰＢＹカタリナ・第２次世界大戦のコンソリーデーテッド飛行艇』
PBY Catalina, Consolidated Flying Boat In W.W. II ,By David Doyle

第14話 欧州戦と武装レジスタンス
『忘れられた同盟国』
Forgotten Allies, By J. Lee Ready, MaCfarland, 1985

第15話 不正規戦
『英国と欧州の抵抗運動 1940 - 1945・ＳＯＥ（特殊作戦実行部）の調査』
Britain and Europe Resistance 1940-1945: A Survey of the Special Operations Executive with documents, By David Stafford, Lume Books

第16話 米国の女性兵士（ＷＡＡＣ）
『踏み出した女性たち・第２次世界大戦で進路を変えた女性たちの物語』
The Girls Who Stepped Out of Line, Untold Stories of the Women Who Changed the Course of World War II , By Marie K. Eder, Source Books, 2021

第17話 虚々実々の航空電子戦
『暗闇の機器・電子戦の歴史 1939 - 1945』
Instruments of Darkness：The History of Electronic Warfare, 1939-1945, By Alfred Price, MacDonald And Janes Publishers, London, 1977

第18話 空挺部隊の始まり
『第2次世界大戦の空挺戦術』
World War Ⅱ Airborne Warfare Tactics, By Gordon L. Rottman, Ospley, 2005

第19話 米砲兵の威力
『1918年から1939年までの米国陸軍戦術教義の変遷』
The Transformation of U.S Army Doctrine 1918-1939, by William Odom, Texas A&M, 1998
『機動と火力・師団と旅団の進化』
Maneuver and Firepower: The Evolution of Divisions and Separate Brigades, By John Willson, U.S. Center for Military History, 1998

第20話 低い評価の爆撃作戦
『1940年から1945年の連合軍の欧州上空戦』
The Bombers and Bombed: Allied Air War Over Europe 1940-1945, By Richard Overy, Penguin Group, New York, 2013

第21話 魔女飛行連隊
『ソビエトの夜の魔女・第2次世界大戦の勇敢な女性爆撃機パイロット』
The Soviet Night Witches: World Brave Woman Bomber Pilot of World War Ⅱ, By Pamela Dell, Capstone Interactive Book

第22話 ゴースト・アーミー
『第2次世界大戦のゴースト・アーミー・ある極秘部隊の空気膨張戦車、効果音、その他の大胆なフェイクで敵を欺く方法』
The Ghost Army of World War Ⅱ: How one Top Secret Unit Deceive the Enemy with Inflatable Tanks, Sound Effects, and Other Audacious Fakery, By Rich Beyer and Princeton Architectural Press, New York, 2015

第23話 ドイツ空軍の衰退
『第2次世界大戦のドイツの石油産業と近代航空戦における石油の役割と教訓』
A History of German Petroleum in World War Ⅱ and its Lessons for the role of oil in Modern Air Warfare, Air Command and Staff College Air University, By Shawn P. Keller, Major USAF
『第2次世界大戦年鑑・1931 - 1945』
World War Ⅱ Almanac 1931-1945, By Robert Goralsky, Bonanza Books

第24話 ボーア博士の脱出
『原子物理学と人間の知識』

Atomic Physics and Human Knowledge, By Niels Bohr, Dover Publications, 1961

第25話 アンドレアス作戦
『ベルンハルト作戦』
Operation Bernhard, By Anthony Piere, William Morrow & Co., 1961

第26話 V２ロケット・ニューヨーク攻撃計画
『Uボート』
U-Boats, History, Development and Equipment 1941-1945, By David Miller, Conway Maritime Press, U.K. 2000

第27話 ペーパークリップ作戦
『ペーパークリップ作戦』
Operation Paperclip, The Secret Intelligence Program that Brought Nazi Scientists to America, By Annie Jacobsen, Little Brown and Company, 2004

第28話 レインボーとオレンジ戦争計画
『オレンジ戦争計画』
War Plan Orange: The U.S. Strategy to Defeat Japan, 1897-1945. Annapolis, United States Naval Institute

第29話 小さな巨人
『昭和財政史戦前編１９２６年〜１９４５年8月まで』
財務省編纂
『戦時戦後の日本経済』
ジェローム・B・コーエン著、岩波書店
『第２次世界大戦年鑑・1931 - 1945』
World War Ⅱ Almanac 1931-1945

第30話 フライング・タイガース
『フライング・タイガース・中国における米第14航空軍司令官クレア・シェンノート将軍と真実の物語』
The Flying Tigers: The True Story of General Clair Chennault and The U.S. 14th Air Force in China, By Jack Samson

第31話 ダグラス・マッカーサー元帥の系譜
『第２次世界大戦の汚れた小さな秘密・太平洋戦1941 - 1945・マッカーサーの家系』
Dirty Little Secret World War Ⅱ, The Pacific War, 1941-1945, MacArthur family ties, by Dunnigan and Nofi

第32話 オーストラリア軍師団長ベネット少将の脱出
『ゴードン・ベネット物語 ガリポリからシンガポール』
The Gordon Benett Story：From Gallipoli to Singapore, By Frank Legg, New South Wales: Angus & Robertson 1965.

第33話 サーブロン船隊
『高速空母機動部隊』
The Fast Carriers, By Clark G. Reymond, McGraw-Hill, 1968

第34話 リバティ船
『リバティ船』
The Liberty Ships: By Sawyer/Mitchell, Lloyd's London Press, 1985

第35話 米国の通商破壊戦
『太平洋戦争報告書・海軍徴用船行動調書と陸軍徴用船行動調書』
米国戦略調査団、1946年

第36話 海戦史上の幸運艦
『第２次世界大戦の米国海軍作戦、および、ふたつの海洋戦』
History of United States Naval Operations in World War Ⅱ, By Samuel Elliot Morrison, University of Illinois & The Two Oceans War, By Samuel Elliot Morrison

第37話 こぼれ話
『ロシアの戦争・1941 - 1945』
Russian at War, 1941-1945, By Alexander Werth
『第２次世界大戦の汚れた小さな秘密・3.欧州大戦 4.東部戦線 5.西方戦 6.太平洋戦 7.影の戦争』
Dirty Little Secret World War Ⅱ,3.The European War. 4.The Eastern Front. 5.The War in the West. 6.The Pacific War. 7.War in the Shadows. by Dunnigan and Nofi

第38話 ボディガード作戦
『ボディガードの欺瞞・D - ディ背後の信じられない実話』
Bodyguard of Lies: The Extraordinary True Story Behind D-Day, By Anthony Cave Brown, 1975

NF文庫書き下ろし作品

NF文庫

究極の擬装部隊

二〇二四年十一月二十日　第一刷発行

著　者　広田厚司

発行者　赤堀正卓

発行所　株式会社　潮書房光人新社

〒100-8077　東京都千代田区大手町一-七-二

電話／〇三-六二八一-九八九一(代)

印刷・製本　中央精版印刷株式会社

定価はカバーに表示してあります

乱丁・落丁のものはお取りかえ致します。本文は中性紙を使用

ISBN978-4-7698-3379-6　C0195

http://www.kojinsha.co.jp

NF文庫

刊行のことば

第二次世界大戦の戦火が熄んで五〇年——その間、小社は夥しい数の戦争の記録を渉猟し、発掘し、常に公正なる立場を貫いて書誌とし、大方の絶讃を博して今日に及ぶが、その源は、散華された世代への熱き思い入れであり、同時に、その記録を誌して平和の礎とし、後世に伝えんとするにある。

小社の出版物は、戦記、伝記、文学、エッセイ、写真集、その他、すでに一、〇〇〇点を越え、加えて戦後五〇年になんなんとするを契機として、「光人社NF（ノンフィクション）文庫」を創刊して、読者諸賢の熱烈要望におこたえする次第である。人生のバイブルとして、心弱きときの活性の糧として、散華の世代からの感動の肉声に、あなたもぜひ、耳を傾けて下さい。

＊潮書房光人新社が贈る勇気と感動を伝える人生のバイブル＊

ＮＦ文庫

大空のサムライ 正・続
坂井三郎
出撃すること二百余回——みごと己れ自身に勝ち抜いた日本のエース・坂井が描き上げた零戦と空戦に青春を賭けた強者の記録。

紫電改の六機 若き撃墜王と列機の生涯
碇 義朗
本土防空の尖兵となって散った若者たちを描いたベストセラー。新鋭機を駆って戦い抜いた三四三空の六人の空の男たちの物語。

私は魔境に生きた 終戦も知らずニューギニアの山奥で原始生活十年
島田覚夫
熱帯雨林の下、飢餓と悪疫、そして掃討戦を克服して生き残った四人の逞しき男たちのサバイバル生活を克明に描いた体験手記。

証言・ミッドウェー海戦 私は炎の海で戦い生還した！
橋本敏男
田辺彌八ほか
空母四隻喪失という信じられない戦いの渦中で、それぞれの司令官、艦長は、また搭乗員や一水兵はいかに行動し対処したのか。

『雪風ハ沈マズ』 強運駆逐艦 栄光の生涯
豊田 穣
直木賞作家が描く迫真の海戦記！ 艦長と乗員が織りなす絶対の信頼と苦難に耐え抜いて勝ち続けた不沈艦の奇蹟の戦いを綴る。

沖縄 日米最後の戦闘
米国陸軍省 編
外間正四郎 訳
悲劇の戦場、90日間の戦いのすべて——米国陸軍省が内外の資料を網羅して築きあげた沖縄戦史の決定版。図版・写真多数収載。